生活中的经济学

陈民伟 著

上海书店 出版社
SHANGHAI BOOKSTORE PUBLISHING HOUSE

序言

　　《生活中的经济学》的作者是一位普通的出租车司机，与我素昧平生。为什么我决定为他写序？当作者把文稿送到北京天则所的时候，我出差在外，他请求我能否修改和补充他的文稿，我没有那样做，我觉得没有必要去修改或纠正一个草根作家的表述。我们听惯听腻了专家领导专业的发言和报告，还有那些经过修饰和润色的文章，现在突然一个平民百姓阐述经济学界高级层面的话题(用身份进入来说肯定不是门当户对的)，这个声音使我们耳目一新。首先我认为一个开出租车的司机，他接触和谈话的人群多而广，能代表民众心声，另一点也反映了我们国家一个最最普通的公民，坚信不渝地关心国家改革开放的大事，能大胆地表达意见的精神难能可贵,尽管他没有受过专业学术的熏陶。因此我觉得《生活中的经济学》是一块从地下刨出来的茅山石头(杭州话俚语指不规则的粗糙的硬石头),我们无需从学术和专业角度对他求全责备,这块粗糙的茅山石头让读者去琢磨它研读它会更有益处。因此,我觉得自己也是抛砖引玉给他写序。作者自己也坦白,他不是为了赚钱来写这个有高压的东西,他应当去写言情之类的小说剧本,收获会更靠谱。他说写《生活中的经济学》是一种责任,我理解。比如他书中提到政府税收的问题,物价改革的问题,油价治拥堵的问题,官员腐败的问题,社会制度政党的问题等等,我觉得有些专家教授还不一定有其分析得尖锐和深刻。作为一本经济类的书,我们并不寄望它有多大的影响,但作为一种鼓励和支持,我倒希望他今后再接再厉,多写一些能赚钱的书和作品出来,也算是我给他写序的一个初衷。

茅于轼

2012.12.09

目录

第一篇
经济万象

油价涨和
跌的现象

  随着我国人民生活水平的不断提高和家用轿车的普及，油价的涨和跌非常敏感地影响着中国一部分人群的情绪，特别是我们的生活水平还远远没有达到世界发达国家的水准，国家提出油价要与国际油价接轨，这多少影响了国民的生活质量和情绪。我是出租车司机，听到的、看到的都深有体会，因此我有话说。首先，我们知道，石油资源是一种有限的能源，中东的石油贮藏量是地球总贮藏量的绝大部分，按照目前的开采速度，三四十年后它也将枯竭。当然在这三四十年中科技也在不断进步，新的能源和动力也会在研发和使用中发展，人们用不着担心。

  但是，人都生活在现实中，在无法指望我们能移居另一颗更适合我们生存的星球前，在这漫长的等待中，我们人类要做的事情还有很多很多。好了，不扯远了。我们还是谈油价吧。油价要和国际接轨，国际油价又像股票一样，每时每刻都在变化，使我们应接不暇。我们中国无法操纵，而国际油价又有少许巨头们在肆意炒作，这是无奈。不过无论如何，油价也总有一个底线和限度。源源不断挖出来的石油要加工、贮藏、使用和买卖。危险品的生产和贮藏，它需要非常安全的设施和容器，一般个人无法囤积。在这点上，听说美国很聪明，自己国内的石油藏在地下不开采，先用别人的，以备后患，当然这也是小算盘。我们中国采取和国际接轨的油价，其实也只能是一种策略。油价是个敏感的风向标，也是个可以像税收、利率充分利用起来制定政策和策略的工具。

油价虽然与民生有着非常紧密的联系，但它与粮食不同。我们知道粮和油是国民经济最重要的资源。说到粮食，我们首先应当感谢袁隆平，他使我国水稻的耕地面积翻了至少一番多。我们大搞开发区，大搞房地产，使我国城乡到处呈现一派欣欣向荣的景象，以至于还有不少荒芜搁置的农田无人耕种。当然我们不会去追究袁老的功与过。与油价相比，粮价才是我们国民经济的生命线，但粮食是可以不断再生的资源，只要人口不爆炸，粮食富足国家就稳定，百姓就安宁，至少不会因面临饥饿而造反，所以我们都感谢袁老,他没有过,他是人民的"大救星"!

话说回来,与粮价相比,油价无论它怎么涨和跌,充其量是我们生活质量的一个侧面的反映。由于社会制度的不同,国外的油价可以说完全是一种市场经济的行为。我国油价实行与国际接轨,除了有可操作性外,也有我们国内市场经济的需要。尽管我国经过几十年的改革,像石油、烟草、矿藏、钢铁、土地出让等等,主要还是掌控在国家的手里,从一定的角度看,这就是优势。油价两毛钱三毛钱地涨,有车一族大多也无奈,无所谓,要不也就发一点牢骚罢了。当然油价也有两毛、一毛地往下跌一点,有车一族大多也皆大欢喜。涨一点,再涨一点,又跌一点点,这也太平常了,有必要去加油站排队抢购吗?有必要去囤积吗?况且我们营运车辆,油价每涨一次,国家就补贴我们,我们出租车除了上调起步价,收取燃油附加费外,还领取油价补贴。我算了算,就我开的一辆出租车(我一个白班的收入),每天做 25 个生意,收取燃油附加费一元一次计 25 元,一个月 750 元,一年 8 000 多元(不过这是由乘客买单的)。2009 年从公司领到三次国家发放的燃油补贴,大约 9 300 元左右,这样合计下来我们每一辆出租车,一年中从燃油因涨价而获得补贴 17 550 元左右。当然,燃油补贴其他行业的营运车辆和特种行业也有。如果算一算总账,国家因涨价所支付的补贴有多少？燃油的涨和跌，对汽车工业的影响，从低碳、节能方面来看，促使厂家不断开发和研制出小排量、低能耗、低售价的车型出来，满足市场和人民的需要。这也算是油价涨势的一个良性反映。如果以油价因涨而产生的负面来看，比如大货车超载，客车超员，出租车不打空调，拼载，甚至发生偷油贼增多等等，当然这类现象的发生不仅仅是因油价涨的原因，它也有社会其他因素的作用。我会从以后的章节中来阐述。

实际上，油价是涨的趋势。随着国民经济的发展，跌，似乎是不可能的，至少在石油资源没有枯竭的几十年中，油价将是不断涨的现象。在其他替代能源还不能体现出优势和消费习惯以前，我们假设油价不断涨的话（当然人们的收入也在不断逐年提高）：以一个 10 元/升，15 元/升，20 元/升为标杆来看社会，会发生什么现象呢？首先，买大排量的人就越来越少。第二，家庭用车出行的次数将会减少，去一趟农贸市场或超市，就不再驾车了。第三，一人一车出行或上下班的现象少了，同小区、同单位出行的人，他们会自发地掺和起来出行，以达到高效率地使用车辆。第四，马路变宽了，城市里公共交通变得忙碌起来，马路就通畅，我们看到宝马、奔驰类的高档车越来越多。油价 15 元/升，20 元/升，30 元/升——在涨，富豪们在真正炫耀他们的成就。当然我们也因为油价的因素，在马路上看到了更多电能汽车、太阳能汽车、燃气汽车、燃冰汽车,油价涨的趋势是祸是福? 当然祸是完全可以排除的。可是我们现在面临的现实是,油价两毛、三毛地涨,另一方面我们有钱以后玩车,享受有车生活的方式也刚刚起步,什么样的油价才让我们改变出行的方式? 虽然我们也抱怨现在马路上的汽车越来越多,停车难、行车难,而另一方面,买车呢,小菜一碟。人们一二百万元的房子都争着买,而十万元左右一辆的车算什么啊! 停车难、行车难,那是政府面临的难题,我们有车一族,不管你是开宝马的还是开小面包的,我们都在使用公路这个公共资源。大家都是真正的公平公正。问题明显摆在政府面前,经济学家们有什么好办法好点子吗? 发改委有什么更好的手段吗?

如果说油价仅仅是按照与国际接轨来制定我们当前市场的燃油价格,那么油价的定价,发改委也肯定说不出油价是怎样按照商品生产的成本理论来合理计算的。比如一幢房子,不同地段地域的房子,它的售价就可以有几倍几十倍的不同,问题在哪里?

石油是国家垄断行业的产品,它必须全国统一售价。如果按照国际接轨来制定油价,显然我国国民收入与发达国家之间还存在不小的差距。这是老百姓抱怨的一个因素。石油虽是暴利商品,但在我们国家,石油是

　　　　　　　　　　　　　　　　　油价涨和跌的现象

国家垄断的资源,国家的收入取之于民,用之于民。如果油价可以操纵和利用,那么我倒认为公路收费,道路拥堵,操纵油价也可以改变。油价何必两毛、三毛地涨?反正谁也无法追究它的合理性。发改委可不可以动作再大一点?加强管理,投入更多的资金改善,修建公路及设施,免费更多的公路,这不会是一件更有利于民众的好事吗?

实际上现在油价因接轨一涨又涨,而另一方面又给全国所有营运车辆发放补贴,这一进一出又说明了什么呢?难道这里面还有更深奥的经济学吗?假如国际油价大跌了,大涨了,我们如何接上轨呢?比如国际油价曾涨到147美元一桶,我们接轨了吗?后来又一次跌到了60美元左右一桶,我们接轨了吗?当然请经济学家来说,他们也靠不住,公说公有理,婆说婆有理,最后还不是发改委说了算。

油价涨和跌作为一种现象,究竟对我们的生活和出行有多大影响,我在后面的《试试治堵良方》一节有详细的阐述。

为什么中国
开好车的
越来越多

　　记得也就是1995年那个时候,拥有轿车的私企老板还很少。在我们浙江中国私企老板发祥地的义乌一带,作为出行的主要工具,我的桑塔纳出租车被许多老板预订,还有政府官员。真的,我享受了老板出钱我旅游的待遇。桑塔纳载着老板到处跑,浙江的大部分县市都跑遍了,老板包吃包住包费用。这是1995年前后浙江的经济状况。在浙江,高速公路也就杭甬高速这一条,手机也还是个稀罕物。马路上能看到比桑塔纳更好一点的车也是屈指可数。浙江尚且如此,其他地方也就可想而知了。仅仅十年、十五年的变化,飞速发展的经济让我们看到了翻天覆地的变化。

　　记得1986年我出差广州为买个电子表回来,经济学家说我们已落后日本三十年。处在动态的经济发展中,仅从现在与国际接轨的油价来看,再从马路上一辆辆飞驰而过的宝马、奔驰,这种与发达国家的差距正在日益缩小。我们的 GDP 已赶上了日本,居世界第二。地球已经成为宇宙的一个村落了。在这个村子里,哪里风吹草动,哪里有最新的科技成果,在世界各国人们面前一览无遗。

这一节我要说的是为什么中国开好车的比外国多? 这是马路上反映出来的经济现象。我们看到高档轿车越来越多,特别是外地来杭州的人士都会说你们浙江的好车真多啊! 当然中国沿海各省的经济发展特别快。现在内地,中西部地区也在崛起。经济发展的车轮越转越快,但离发达国家的水平还有不少距离,政府官员,经济学家,报纸、电视上也都是这么说的。除了印象,还有 GDP 的数据。但是,从人口比例,财富分配,贫富不均的推测来看,我们中国的千万富豪最近有人统计出 96 万之多,百万富翁多到一个什么程度,就谁也说不清了,只好从马路上飞驰而过的高档车来推断。比如,开一辆 300 万元的车,这个车主他起码有 500 万元的实力;开一辆 150 万元的宝马或奔驰,这个老板当即拿出 50 万元的现金不会困难;开一辆 60 万元的奥迪,他家有几百万元产业也很正常。当然能开一辆二三十万元的中档车,他早已置办了自己的百万元房产。而那些在开跑车的,很明显他家里有好几辆车了。中国人消费理念的改变正在日益与国际接轨,并有过之而无不及。

我们从电视上看,西方发达国家在马路上跑的车并没有我们的好。这可是实况,也就是印象。高档轿车屈指可数,相反小排量的车、烧柴油的车却处处可见。这是为什么? 这就是他们的环保意识高于我们,而且已形成一个全社会的良好风气。衣着朴素的千万富豪在街头散步,政府高官打的去上班,更多的自行车在马路上穿行,他们甚至把生产高档车的整条生产流水线卖给了我们。而我们的富豪们却处处在张扬自己,名牌服饰首饰会告诉你,宝马奔驰会告诉你,甚至发生事故的态度和表现也会告诉你,还有闯卡、无视交警的傲慢,以凸显他财大气粗的身份和地位。我想,这是一个个悲哀,也是在经历人家曾经走过的路。简单想一想,他们把高档轿车的生产流水线转让给我们以前,我们还在以桑塔纳为荣的年代,他们流水线生产的高档轿车是卖给谁的? 非洲吗? 显然不是。从一个世纪前,这些今天的发达国家,在人类文明的道路上也走过一条曲折的路。当然也不是说他们现在是圣人了。因为人类的文明也是在从不断提高的经济、科技、物质的享受中逐步提高的。再想一想,我们一个首先发家致富的老板,他也存在要不要冒尖的顾虑:整个村子里,整个镇里,甚

　　　　　　　　　　　为什么中国开好车的越来越多

至整条马路上就我一辆宝马是不是太过显阔了。从某种意义上说,谁也
不愿做枪打的出头鸟,这可以说是中国人的心理特点。我们可以问问现
在拥有宝马、奔驰等高档车的老板,他们驾驶的第一辆车、第二辆车是什
么牌子? 当马路上越来越多的高档车让人们眼前一亮的时候,一种荣誉
感和成就感就促发了越来越多的老板加入到这个车队中来。我们正在走
人家走过的路。这也成为我们中国开好车的比外国多的缘故吧。另一方
面在政府鼓励我们消费,甚至发放消费券扩大内需的鼓动下,老百姓敢于
花钱的胆识和渠道也越来越多,奢侈品市场也兴旺起来。我们的汽车产
业、房地产市场出现了蒸蒸日上的局面。在目前这种消费观念的引导下,
接触享受型的高档生活才起步吧。所以现在政府积极推广节能型小排量
的电动车、小汽车、柴油车,甚至补贴优惠,还是遇到不少困难和阻力。什
么时候在我们的印象中,马路上的高档轿车少下去了,小排量的车多起来
了,骑行的人多起来了,也许我们不会重复西方发达国家现在这个模式,
因为新能源的发现和利用,体现环保的高科技同样可以体现在宝马奔驰
的车身上。但愿,我们中国道路上的高档轿车越来越多,人们的环保意识
也越来越浓。随之,使用它的人素质也越来越高。

政府用的都是
纳税人的钱吗

我们经常可以看到在公权单位受到老百姓指责或者发生公、私利益冲突、纠纷的时候，"这都是纳税人的钱，你们公正吗？你们有良心吗"等出自大众的指责声。用了纳税人的钱没有为民办好事，出发点是好的，质疑却是模糊的。我们且不究这些具体的案例，我们可以用这些话来剖析国家一个经济层面的状况，再指责公权人把国家赚来的钱（或者说我的税）用到哪里去了，为我们老百姓办了哪些好事？更深入一些，如果仅仅用纳税人纳的税来说事，可以证明你并不了解国情，您的认识是肤浅的。首先，用纳税人纳的税来说，我们不需要用很复杂的计算公式来统计，我们先粗略计算：中国 13 亿人口，60 岁以上的老人有多少？现在中国已进入了老年社会。那么，四个老人在家带一个孩子，60岁以上的应该占到我们总人口的五六分之一吧，60岁以上的老人能拿到退休工资每月3 000元以上的有多少？而我们国家对个税起征点听说现在提到了3 000元，也有经济学家提到8 000元以上。我们可以掂量一下，达到个税起征点的退休老人有多少？就我生活的小区（杭州是经济水平较高的地区），除了个别公务员、老师、环卫工人，他们的退休金超过3 000元，且不论他们占60岁以上老人的几分之几。我也问过其中几个：我说你们工资那么高要交所得税吗？他们茫然地摇摇头：每个月工资都打到卡里了，我不知道税交哪里了。好了，我们心里有数了。全国60岁以上在拿3 000元以上退休金的老人中，有多少是纳了税的？根据排除法，我们将25岁，也可以说30岁以下的人群比较分析一下，即使你大学毕业了，奋斗到了能拿到月工资3 000元以上的也有限，我看是为数不多。除了公务员一类的，税务部门可以直接在您的工资单中扣除个税。而对于那些民企、私企或自由职业者中，税务部门有可能去调查、摸底而收取个税吗？看来，30岁以下的人群也和60岁以上的人群差不多。

　　按人口排除法，我们就知道纳税人的主体是30—60岁之间的人群。再根据排除法，这30—60岁之间的人群又有多少人在拿3 000元以上的工资？即使你有这个收入了，又有多少人在纳税？客观地说，纳税人的主体是中小企业和个体经营户，应缴纳的税只能是他们收入的零头，而他们的总产值又是国企的零头。那么这种零头相加，政府用纳税人的钱能办多少大事？通过这种排除法，我们指责政府有关部门用了纳税人的钱而没有办好事，着实底气不足。如果说得不好听的话，政府仅用纳税人的钱来办事，那也够可怜的了。贪官还能捞那么多钱吗？2011年1月7日我从杭州105·4电台新闻八卦掌节目听到，财政部向中央拟定的个税征收要点中披露，中国月收入2 000元以下的人群占百分之九十，纳税的人仅占百分之十，这又说明了什么呢？

　　再据有关资料显示：月收入在8 000元以上的人群，他的消费触及国家17项纳税项目，也仅仅占他收入的百分之七，约700元左右，收入在每月3 000元左右的，他纳税消费的支出约占他工资收入的百分之五，大概500元。即便所有国民消费纳税存在不合理的因素，税收对国家来说也不是收入的大项目，犹如芝麻和西瓜，因为我们国家经济的主体是国企和国家垄断行业。税收和银行利率,大多是起一种调节市场经济的手段。政府出台什么税种,收多少税大多含有主观计划经济的官方行为。微博上中国经济学人(李剑阁)认为:中国应大幅度大范围减税,现在各级政府在财政收入超收方面展开着竞赛,有的地方财政收入年增速甚至超过百分之四十。GDP的攀比之风受到社会的重视和批评,而财政收入增速的攀比之风愈演愈烈,不仅没有受到批评,反而作为可炫耀的政绩,是十分令人担心的。专家这么看问题,可见税这个东西本身就存在问题。

在写这个章节的时候,我从报纸上看到了下面几则消息:中国企业500强和中国民企500强新鲜出炉。中国企业500强中的前三位是中国石油化工集团营业收入139 195 196万元,国家电网126 031 199万元,中国石油天然气集团121 827 809万元……十强最后一位是中国农业银行33 842 700万元。2010中国民营企业500强中,居第一位的是江苏沙钢集团1 463.13亿元,第二、三位的分别是苏宁电器和联想集团。财经日报称:中国企业就中国石油和中国移动二者相加的净利润就已远远超过500强民企的总和,而国有企业的十强中,还不包括国家最赚钱的行业:土地出让、中国烟草等等。

我们知道,民企的收入与国企相比虽然是渺小的,但他们给民工们发工资奖金,除了纳税,他们的钱实实在在地在老百姓的手里。虽然大头是在民企的个别老板手里,管理层手里。就是再不会花钱的老板,他也不会带着财富像我们的老祖宗那样埋到坟墓里去。

国企的发展和壮大,是我们社会制度优越性的体现。那么,我们大多数的老百姓能拿到什么呢? 报纸上说我国的财政收入列世界第二。我相信这不是假新闻,《扬子晚报》6月27日报道:2010年1月—6月27日中国政府的财政收入总额达8万亿元。我不知道《扬子晚报》这个数字是怎么得来的。但我们总是相信报纸上的说法的。同时报纸也指出:尽管我国财政收入从数量上说可能跃居世界第二,仅次于美国,但是并不值得盲目高兴。从比例上说我们的财政收入大约是美国的三分之一,然而我国的 GDP 总量仅相当于美国的五分之一,换言之,我国财政收入所占 GDP 的比例过高,实际上就是国富民穷的结果。国富非真富,民富才是真富。财政收入的增长必须以民众的福利的增长为条件。以上是报纸上说的原话,我不尽赞同。国富很有必要,国富肯定带来民富。国富可以使我们的国防力量建设得更加强大,可以使我们的航天事业蒸蒸日上,赶超美国。国富了还可以大大发展公共福利事业。我

政府用的都是纳税人的钱吗

可以这么说：民企的富，只落实在一小部分个人的头上，国企的富，尽管有蛀虫，但它的钱袋总还掌管在国家的财政部。国家可以为人民办更多的福利事业。有报道说，我们的民企、私企，它们存在的平均寿命只有7年，也有的说只有3年。就是说民企、私企，它们小打小闹，有个几千万元、几百万元的家底了，他们随时可以撤退，即是破产了也家底殷实，况且富二代不愿接着干的也很多。富三代怎么干？我们现在也不好预测。但有一点可以肯定，长江后浪推前浪，那些3年、7年的走了，而我们下一代的大学生们正信心满怀地开创又一个3年、7年的征程。

改革开放后，渐渐发展壮大的国有企业，我们很希望它做强做大，国富是第一位的，况且国有大型企业不是个人可以承包的。但在改革开放的浪潮中，有些国有资产和国有中小型企业被合理或合法地让那些个人占有了，他们很多就是现在的大老板。如果改革把大型的国有企业和国家垄断的资源，如石油、烟草、电信等等，改革到私有制名下，那么财富就属于私人所有，私人拥有支配权，他可以捐也可以不捐，他也可以让钱财成为遗产，甚至留给自己的宠物。国家只能使用和支配他所缴纳的税款。我们无法想象这样的改革会对我国现有的经济模式带来怎样的改变？因此我们不能一提国有和垄断就持否定态度，或不计前因后果都纳入私有化的轨道。社会财富都应当属于人民，但愿私有还是国有的企业寿命都长一点，并且也有像比尔·盖茨、巴菲特、陈光标那样的精神还富于民，真正实现我们国强民富的夙愿！

快速公交
何来快

首先,我得回答快速公交为何要快这个问题。人们上班要赶时间啊,我们坐火车、飞机要赶时间啊,理由就是一个:赶时间!就要快!不错,出发点和意念都不错。我们杭州推行快速公交伊始,曾形成两种激烈的争辩,姑且我们称为正方和反方吧,各方都有自己的理由。当然拍板权在政府这里。要搞也没有错,不算政绩工程或者说一个新事物吧。在正、反两派激烈的争辩中,我们杭州第一条快速公交诞生了。作为本市的出租车司机我也参与了上面的议论。我持反方的意见,给交通局、FM·93电台都写了书面意见。随着时间的推移,大家现在似乎不再有这个兴趣去为它争论。现在我把自己当年写的这篇意见,把我所持的观点、逻辑和推理从反方的立场再反驳一下正方的观点。

我的标题是 N 个理由否定快速公交!

我们杭州第一条快速公交 B1 线是从黄龙体育中心开往市区下沙,是里程最长的一条公交线路,全程约 20 公里左右,在市区部分路段还设置了表明专用线的分道器和监控装置。据经常乘坐下沙方向公交车的乘客说,快速公交 B1 线比原来的普通公交车快了约 20 分钟,(全程)这是打造快速公交全部手段的成果。但我可以用最简单的算术:

$$20 分钟 + N 个理由 = 否定$$

(1) 浪费道路资源。从另一个路权概念来说,你在快速公交线上设置分道器,不是个好主意,也给致人伤亡事故留下了隐患。

(2) 搞快速公交撤并了不少停靠点,给一部分乘客带来了不方便。

(3) 提高票价,4 元每人次,比以后将开行的地铁还贵,也是目前杭州市区公交车最贵的票价。

(4) 乘坐单位接送车上下班的乘客,因为 B1 线的原因,他们每趟出行都要晚点 10 分钟左右。

(5) B1 线占用车道后,使其他大量车辆受阻、晚点,这也是一个代价。

（6）B1 线设置专用线路和监控,使其他社会车辆(特别是外地车辆),遭到罚款和扣分等处理(我也因压线受到 100 元的罚款,心情都被它搞坏了)。

当然,我们还有其他理由:

（7）习惯乘坐各条线路公交车上下班的乘客,他们熟悉本次车的特点,他们早有心理准备,留有足够到达的时间。只有看看表实在来不及时,他们才会选择更快的交通工具——打的。

（8）线路公交车有明显的上下班时段的高低峰,快速公交的开通无非是让他们出门的时间推迟了 20 分钟而已(全程乘客)。我们还从调查中知道,在下沙上下班的乘客有百分之五十是乘坐单位自备大客车往来的。他们比原先行进的线路因为 B1 线的原因,每趟出门、回家都晚了 10 分钟左右。这就是说 B1 线快速公交的开通,一半乘客快了 20 分钟,另一半乘客却晚了 10 分钟。

（9）现实还告诉我们,乘坐公交车的人们,有很大一部分人并不在乎这 10—20 分钟。公交车只要没有故障、事故等特殊情况,慢几分钟到达也无所谓。关键是公交车要正点,让人坐得舒服。顺便还要提一下,政府和有关部门怎样疏导一大批早起的老头老太,他们在早高峰时段的公交车中，人头攒动，行动缓慢，上班族还得给他们让座，这不也是快速公交面临的一个现实问题吗？

（10）公交车在城市道路上还有它的一个特点：观光、休闲。这个特点是许多乘客喜欢的，你让他快有必要吗？

当然，我还有其他 N 个理由来论证它：

（11）关于快与慢也是个相对的时间观念：假如要让快速公交提速10—20 分钟，它的措施无非就是削减停靠站，甚至建设专用直达专线，设置专用红绿灯控制路口，让交警一路为他开导或专职指挥，加重处罚进入专用道路的车辆，让驾驶员再开快点，谁快谁得更多奖金……这是快速公交再提速的措施和办法，当然再快的话就要起飞了，不过有乘客怨飞机也飞得慢了，你该怎么办呢？

又假如让现在的快速公交慢 10 分钟（全程），当然办法就更多更容易了。

（12）增加停靠点，方便更多乘客上下车的需要。

（13）让更多有特征标志的车加入 18 米长的队伍（指快速公交车身的长度），如工程施救车、警车、出租车……搞好管理，让大家都快速有序地行进。为了安全，心理素质好的话，慢了一点又何妨呢！

（14）快速公交有点不伦不类，就国情而言，外国人小车都玩腻了，想着法子乘快速公交。我们小车热方兴未艾，好车名车才刚刚享受，开着车去上下班，超市购物，农贸市场买菜，驾个车多方便。当然面临行车难，停车难，燃油贵，我们在经历一个发展中的阶段，我们的理念会随着时代的进步而修正，快与慢的理解也会更深入。快速公交刻意打造，浪费和损害其他各方的利益，这不是快速公交的宗旨。我们杭州人民对将逝去的双层公交车，电车都还蛮留恋的，说明了什么？有老百姓说：乘公交车不怕慢就怕站，这又说明了什么呢？

我们杭州的公交车在斑马线前礼让行人已蔚然成风。有时候公交车在斑马线前一停就是两三分钟，没有哪个乘客因此嫌慢了。反倒是我们出租车大多没有这个耐心，贪快的后果就是违章率和事故，它的直接后果就是影响了交通正常运行。有个记者街头采访一位老太太，问他为什么成都人慢悠悠地走路，老太太回答说：人都在走向死亡，你走那么快干嘛？听得记者目瞪口呆。

我持以上 N 个理由否定快速公交，也非发自内心。

快速不等于准点，慢也不等于不准点。公交车的准点有各种因素组成的，也有人们主观设定的一个要求和范围。

正方和反方的意见都有道理,都有合理的成分。杭州对它的争论,现在似乎已没有开始那么的热烈了。不过我要强调一点的是:公交车应该是国家的一个公益事业,让它准点、舒适是宗旨,甚至免费,所以我认为打造快速公交还是改称为打造舒畅公交更为妥帖。

门卫为什么拒入

如果这是升学考试中的一个题目，或者是某个招聘笔试场上的一个考题，考生都会感到疑惑，这有考的必要吗？

每个单位都有进出大门的规章制度，门卫的职责就是拒你入内，当然你必须履行登记手续，这都是可以理解的。但是我能否反问你，你为什么要入呢？可见门卫面临的是一个特定的有关联的对象，在一定范围内的有关人员。如果与我无关的大门，我进去干什么呢？当然小偷和特种人物是另一类人，门卫几乎无法阻止他们。我们都会说政府的大门是敞开的。如果考生就如以上这么答题，似乎没错。我要深究的，是它形成的社会另一个侧面，即门内、门外的世界，它的演变、发展和未来。

门——最早的概念是篱笆。对动物来说就是撒泡尿,凭嗅觉来确定门内、门外。人类在没有下山前,可能也有这种习性。后来脑子大了,聪明起来了就搭篱笆、草舍、泥墙,甚至是让后人惊叹的长城。门的作用,它的目的不只是安全需要,同时也反映人的经济社会的本质:领地意识,划地、圈墙行为都是本质的表现。村与村,户与户都有一个边界。当然,这种现象也是客观存在的。但是有些占地为王,圈地得寸进尺,受经济利益的驱动,就不是正常的。甚至为墙角尺寸之间的宽窄诉诸法律,打架和反目为仇,这在城乡拆迁安置运动中司空见惯。我们还是来谈谈门卫为什么拒人?当然拒人是有规章制度的,而我为什么要进呢?我们无缘无故是不会进入任何有门卫设置的地方。如果某人想进去,找个理由和借口,登记一下都可以进入的,但无事生非就没有这个必要。进入干什么呢?可见门卫拒人的对象是特定范围的一部分人。我是出租车司机,送人需要进入的地方,有些门口都竖着牌子严禁出租车进入,但我出租车有何必要进入呢?到门里去揽生意吗?乘客为此和门卫干上了,不过那是他们的事,出租车就是耽误了一点时间。出租车禁入,实际上也是装腔作势的,遇到有头有脸的乘客,门卫早就点头哈腰地打开了门,出租车扬长而入。当然遇到禁入的时候,有的乘客给门卫递根烟,讲几句好话,出租车

门卫为什么拒入

也是可以进入的。可见，门卫拒入是我们大多数单位一个虚拟的规定。因为既然小偷是无法阻止的，那么有需要进入的人员你就不要狐假虎威、趾高气扬的了。门卫、篱笆、围墙的设置随着文明社会的发展，也在不断地变革和提高。比如过高的围墙改成了低低的栅栏，有的干脆拆除了围栏，用花草以代之。超市开放式售货、博物馆、人民公园无需门票你都可以自由地进进出出。文明社会的进步和发展，预示着门卫拒入的现象将会愈来愈少。不是吗？欧共体的国家边界，国门都是互相敞开的。我们还有什么手段可以防贼防小偷的呢？所以我们再反问一下：门卫为什么拒入？实际上门卫禁人也是一种县官不如现管的典型。人应当有一种境界，把国家缩小到一个家，那么国家与国家之间的关系实际上就是一种邻里关系，互谅互让可以和睦相处，处处得寸进尺就会剑拔弩张，甚至兵戎相见。从门的认识我们可以无穷地联想下去，政治、经济、战争、人文地理、姻缘往来、旅游相亲、家门国门，其实我们人类有一个共同必须面对的天门。当然道理太大了难以叙述，撇开家门国门不谈，我们把本区域内的门岗和不雅观的围墙改变一下，是我这篇门卫为什么拒入质问的初衷。也是让我代表广大的出租车司机，向所有严禁出租车禁入的门卫门童门禁呵斥一声：师傅，改革开放！

轿车为什么闯卡

轿车冲卡的现象我们时有所闻，甚至闹出人命的事也有。轿车为什么冲卡？案犯为了逃避追捕，那是明摆着的犯罪行为。货车冲卡是为了逃费，但有一部分轿车，特别是警车，老板和官员驾驶的轿车也公然冲卡。为什么？报纸上看到有两个实例：一个是河南某地的特警驾驶车辆闯卡，被执勤的交警阻拦，特警就用车顶着车头的交警挪动，直至扬长而去。后来听说交警集体上访，闹得自家人吹胡子瞪眼，不知所措。还有一个是最近浙江温州的三个局长，为了十元钱的通行费与收费站人员起了争执，最后一个收费员竟命丧车轮。这两个实例媒体都有报道。可以这么说，一般的冲卡现象很多很多，我这里议论的就是轿车为什么要闯卡？因为你要收我通行费！回答正确。像日本和欧洲那些国家，听说高速公路四通八达不收通行费，那就何来轿车冲卡之说了？当然回答正确也未必这么简单。轿车为什么冲卡还有它深层次的原因。我们先来谈谈我国公路收费的现状：兴建公路因为有投入，所以需要收取通行费来收回投资。但是，为什么就有那么多开车的人有抵触情绪呢？特别是有的公路收费收了十几年、二十几年还在收，在人们的一片呼吁声中，总算那些不该收费的撤了。车子开起来通畅了，似乎开车人的心情也好多了。但是还有那么多的公路收费站前排着长长的队伍，那些红白相间的栏杆一放下来总让人生厌。从心理角度看，最不能忍受的是那些公务或警用车辆，或有一定地位的地方官员和老板。问我收费，这不是对他们的一种藐视吗？特别是冲卡行为多发生在本地区内。那些个别因心理受到藐视和刺激的人员就会产生过激的行为，轿车就冲卡了。收费站为什么不让民警驾驶的车辆通过？因为红白相间的栏杆放下，表示他的权威，他是履行规章。不错，这不是个人行为，这是职责。那么我也是国家工作人员，不是个人行为，顶牛就这样形成了。还有三个局长过境，他们仅仅是为了逃避十元钱的通行费吗？显然不是，三个局长为了这区区十元钱的通行费，听说其中一个免职，两个受到了处分，这个代价够大的。通过现象看本质，公路收

轿车为什么闯卡

费虽然合理合法,但它反映出来的问题也不少,发生堵车、排队那是最常见的现象了。还有它的违规收费,红白栏杆直直地横着,给所有开车的驾驶员是一个抑郁的刺激。我交了养路费,还收我的钱,难免有不满的情绪。公路姓公名路,公路应当是国家的公共资源。即使乡村道路也应当是公有制,不可能私有化,否则都画地为牢要留下买路钱,那就是社会的倒退。但是有一种地方本位主义的倾向,由来已久。即使国家出的钱,也要分出地方财政和国家财政,让你们自己干起来(主要存在使用支配的权利)。公路建设的钱没有必要集资或让私人及老板出资,那么所有公路收费进入的钱,都名正言顺地归纳到国家的钱袋,人们的心理也会好一点。否则我们旅游景点门票的收入、公路通行费的收入都有可能变相进入地方财政,或小集团,或以本部门本单位的银行账户,那意味着什么? 我前面讲过,政府用的都是纳税人的钱吗? 纳税人的钱仅仅是国家钱袋里的一点点零用钱,按照性质只能用在人民的福利事业或改善服务设施等,用在公路、国防应当是国家垄断行业赚来的钱。当然,如果改革开放,把国有企业500强、1 000强,也像黑龙江一千亿元的铁矿,三亿元贱卖给了私有老板,那我们就将真正进入资本主义了。政府只有靠纳税人的收入来给政府部门及公务员发工资和支付办公费用了。国家所有的建设和投资项目真正进入市场经济了。冲卡、收费等等这类现象也就不会发生了。我们不像美国那样经历几百年资本建国的历程和积累,我们是从"大锅饭"分离出来的社会主义市场经济,我们有自己的优势和特点,只是改革和使用不当,天大的责任没有人可以承担,"牛毛"谁都可以拔一根,就看谁的手更长一点。

轿车为什么敢闯卡,仅从心理分析,卡口前碰到政府公职人员,地方官员和老板,他们的自尊和个性更强。公路收费惹是生非,实际上轿车闯卡也不是为了区区十元通行费,它是我们国家体制和人权理念的一个不良反映。在某些缺少尊重人权精神的规章制度面前,不少收费站成了地方财政或收费单位职工福利的一个保障。在国家这个大盖帽下,每个人都扮演不同的角色,因此模糊了我们的视线。因为敢于闯卡的司机,在他的公权范围内也会上演大同小异的实况转播。不信,你不买票去逛逛公园(收费公园及景点)看看!

货车（电瓶车）
为什么超载超速

　　提这个问题很幼稚简单吧。像我们的贪官在写检讨的时候，即使像陈希同、胡长清那样的高官，检讨也是这么写的：我法制概念淡薄，对党的政策学习不够，特别是对交通法，所以我贪污了，我超载、超速了。如果检讨写得更深刻一点可以减轻处罚，那我们的贪官和交通违法人员还可以发挥出更好的写作水平。

　　当然交通违法无需背诵条文，开车的人都会知道自己的行为会不会被罚款和扣分。客车超员，货车超载，驾驶员都是知道的，并且根据他们的经验，超载、超员会有多少额外收入，一个月跑下来罚了多少还能赚多少，哪一个时段，哪一条路是最有把握的，他们都很清楚。让交警、运管迤着的,那肯定是运气不好。至于出了事故,大事故的,我可以说,从整个交通流量来说是中奖了。有人统计过,全世界每一秒钟就有几个人死于交通事故。如果要加上其他非正常死亡的人也算,那么每时每刻全世界整排整连的人在倒下。听起来够吓人的。现在是信息时代了,世界上哪里地壳抖了抖,哪条河水满溢了,又哪条路出了死人的事故,人类的耳朵,眼睛都是实况。当然另一方面婴儿的啼哭声也一阵阵传来。在这里我只是想说:事故的发生有许多许多种因素,事故也是人类在生产活动中每时每刻在发生着的,谁也不能保证下一次死人的事不再发生。生命不需要劝导,游戏还得进行。

　　回到话题中来,客、货车为什么超员、超载? 我们且不从为了多赚钱这个角度去讨论。那么是我们的交通法不够严厉吗? 如果严厉到都拉出去毙了,那也不叫游戏了,游戏是按规则来的。人们都在国家几百个、几千个游戏法则和人之间的道德底线中约束着自己。当然掌管某项游戏规则的人,在管理上应该更到位,更勤勉,更负责,这是必须的。我想客车超员是怎样发生的,在哪里发生的? 飞机有没有发生超员的现象呢? 哈哈!人们会笑我,飞机在空中飞,哪来的乘客上啊。那么我问:客车在高速路上行驶,高速公路上有行人有旅客在行走,在候车吗? 如果客车超员发生在高速公路上,那肯定是我们的管理不到位。如果是在普通公路上,那就算游戏吧,也只能说是玩游戏了。生命不需要劝导,游戏还得进行。那么货车超载怎么办?大货车都有一个理由和借口,不超载没有钱赚。其实谎话说多了,也不中听了。大货车超载危害很明显很严重,屡禁不止,管理方面我就不说了,我要强调的是有的货车本身,也就是车辆的出生就有问题。我们看到小货车的吨位不高,但它的车身很长,生产厂家的用意就是为其超载创造条件,为其销路打开通道。为什么管理监督部门会允许这样的车生产出来,然后再查超载来处罚驾驶员?我们知道生产或改装一辆超长车,或是小吨位大车身的商品,不是一个小企业的小玩意,它需要一系列的审批程序,才能立项和建成生产流水线的,治超为什么不抓这个源头呢?国外的货车都是厢式的,为什么?

　　谈到超速,我们可能马上想到宝马奔驰一类高档车。是的,有钱人在玩这类车,应该说他们的命更值钱,没有更好的解释。玩游戏有时候也可以理解为玩命。生命需要劝导,游戏还得玩下去。而对于存在超速的电瓶车,我倒有话可说。我发现生活节奏慢的北方,骑电瓶车的人少一些。在南方,特别像我们杭州一类生活节奏较快的城市,骑电瓶车的人比较多。电瓶车环保,也很经济,优点多。但它出事故的现象也多。从一个方面看,杭州街头骑电瓶车的比骑自行车的多,很自然,本来发生在骑自行车的事故都转在电瓶车上了。在没有电瓶车以前,人们会把事故原因归结在某某的车骑得飞快,还双放手了,或者说骑车带人了,因为事故嘛总有说辞的。第二个方面看,电瓶车是比较快,但快与慢总是相对的。我骑电瓶车总是借力的多,就是脚踏的多,又轻又快又安全。还有骑车人的年龄不同,骑的速度也不一样,那些中学生骑一溜跑车,风一般地在马路上穿行。所以电瓶车的快与慢,事故的多与少,也和人的素质、性格有关系。1992 年我承包一个商店,我骑摩托车经常几百公里往返带满货跑,快与慢是相对的满足和需要。因此,我们不要把事故总是归结在快字上。第三个方面,个别型号的电瓶车,车型做得像个摩托车,功率大,车速超标,有的可以和我的出租车比快(市区道路),其实像这种超标电瓶车管理,只要抓到厂家不就 OK 了吗? 电瓶车生产厂家在各地的工商部门都有备案,监管它的机构也很多,它批量生产出来的超标电瓶车,偌大一个庙能逃得了吗? 我们交警有限的警力要在庞大的车流中,拦截那些超速的电瓶车真是力不从心的,查处效果甚微。如果把这些查处超标电瓶车的警力,让工商管理部门去查处厂家,交警去查处路边那些改装修理电瓶车的摊点,我想要杜绝超速电瓶车上路或产生事故,这应该比罚了又放了的管理方式会有效得多。有些地方,政策"一刀切",一律禁止电瓶车上路,对查扣是省力省事了,但人们出行方便了吗? 人们的议论和呼声你能禁得了吗? 那些变了味的管理方式只能说明你的无能。事与愿违,适得其反。我们常说的职能部门,职和能不作为,不到位,是我们客、货车及电瓶车超员超速超载的根源。所以游戏规则的制定部门要担负监管和领导责任,交通参与者,肇事的也是受害人。

酒驾为什么
屡禁不止

　　酗酒（醉酒）、吸烟这两个生活陋习，是人类还在衣不遮体的时候就开始出现和形成了。随着人类文明社会的进程，这两种生活习性正在改变中，吸烟有害无益，饮酒虽有益保健、娱乐，但在部分人群中也日渐遭排斥和摒弃，与生活习惯无缘。

　　从遗传角度来看，喜酒或嗜酒如命的都有家族史。由于人的控制能力和接受能力不同，酒对人的精神的作用也有很大差异。没有酒量的人可以喝得呈醉态，酒量好的人也不会因此烂醉如泥，但问题就出在你喝过酒开车了。酒后驾车在测酒仪面前有一个公平公正的刻度，而为什么酒驾屡禁不止？首先在认识上我们要纠正两个盲点。我喜欢反问，你有什么能耐和措施杜绝酒驾呢？参照烟草来说，在现阶段关闭烟厂还不行，在保障国民健康和烟厂创利之间要取得平衡是一道难题。对酒而言，它却是一种文化，也是一种有品位的生活需要。只要人类还在继续繁衍和生存，那么酒就将伴随我们左右。

那么，我认为酒驾屡禁不止在认识上要识别的两个盲点又是什么呢？

其一，饮酒作乐，饮酒进行时，在千家万户，在遍地都有的餐馆中进行着。酒驾面临一个庞大的群体。有多少人在酒驾？你无法统计，无法辨识。川流不息的车流中，交警无法指认哪一辆车是在酒驾。酒驾者侥幸从容地在行驶，而遭拦截测定酒驾的是凤毛麟角。如果说这个盲点客观存在，那就是酒驾为何屡禁不止的一个原因。

其二，酒驾闯祸的事实确实触目惊心，但我宁可相信这也是个案。在犯罪概率中，个案就是它的存在有一定的局限。它的发生是一个肯定的事实，同时也不能确定是一个普遍的事实。在酒驾没有发生事故前，我们只能做游戏，让你对着测酒仪吹气，用力地吹，好像也挺好玩的。要说盲点，我们还可以这样理解：南京酒驾肇事案、成都酒驾肇事案、浙江三门酒驾肇事案等等，触目惊心的案例，在我们的耳旁，在我们的视觉中，回荡上演，而且是第一时间让人感受到那种恐惧。这在很大程度上要归于现代

酒驾为什么屡禁不止

信息的高速传送。比如我们现在对地球气候变化的质疑声越来越大,其实我们第一时间看到的自然灾害,几十年以前地球上也是在发生着的,现在各种现象,包括一个车祸、一件凶案等等都在第一时间汇集到我们眼前滚动播现。人类惊呼地球的末日是否真的来临?几十年以前我们闭塞的耳和目,使我们知道的新闻很少很少,这是真正的盲点。现在这种盲点消除了。实际上盲点所反映的事实都同样存在的。我们把本来是盲点的事实,比如南京、成都、三门等等的酒驾肇事案都串联到一起来,触目惊心地——展现,个案无疑就成了普遍的印象了。作为宣传教育的需要,我们再次提醒人们,为什么酒驾屡禁不止?加大对酒驾处罚的力度很有必要,忠告也是非常温馨的一句话:朋友们开车不喝酒,喝酒不开车。

酒驾仅仅靠交警有限的警力,在某个时间、某个地段履行公事方式的查处,是远远不够的。面对城乡无数条公路,无数辆汽车,千千万万的司机,查处酒驾也往往都是已造成肇事或明显违章的酒驾司机,没有肇事违章的,在正常行驶的往往都可侥幸躲过处罚。因此,查处酒驾,侥幸躲避处罚的几率和空间太大太充裕了。客观上酒驾屡禁不止存在巨大的空间。如果不靠酒驾者的主动意识及自觉奉行喝酒不开车的规矩,仅靠交警有限的查处还不能从根本上杜绝酒驾行为。当然加大查处和处罚力

酒驾为什么屡禁不止

度,能起到一定的震慑作用。包括 2011 年 4 月人大通过更严厉的交通法。新的交通法从罚款额度,拘留期限,扣证吊驾力度都是空前的。但酒驾还是无法杜绝的,终身禁驾不可谓不严,但你能阻止他无证驾驶吗?从一定的意义上说,未带证上路,扣证期间,包括有各种原因吊销驾照的司机,你都不能确定他没有驾驶能力。交警:请你出示驾驶证! 我在多年的驾驶经历中,只有偶尔被出示。那也是多在违章或事故查处中被现场执法。如果你按交规谨慎驾驶,包括酒后驾驶的,被出示驾照的很少、很少。当然真正的无证驾驶也在其中。所以终身禁驾,看来很严厉,但有一点缝隙,酒驾就有十种可能。杭州交警在测定酒驾行为时对六种食物两种药品进行了测定:吃一只醉蟹、一块腐乳等酒烹传统食物的后果,测出 0.4克、0.317 克等可以作为酒驾的证据。照此看来,酒驾对传统食物也要谨慎,那么酒驾屡禁不止又多了一个难题。要从根本上杜绝酒驾行为,我们要让每个有喝酒习惯的驾驶员,自觉奉行开车不喝酒、喝酒不开车的理念,让其成为自己的信条,成为自觉行为,成为习惯。酒驾屡禁不止就不存在禁和不禁一说。

2011 年 5 月 1 日开始,酒驾列入刑法刑事处罚范围,大大提高了对酒驾处罚的力度,可谓严厉。但是从全国范围来看,5 月 1 日以后受到刑事处罚的酒驾案还是不少,为什么酒驾者明知故犯? 我们已不能用侥幸来解释酒驾者的心理活动。酒驾有侥幸的因素,同时也客观存在种种原因。酒驾者一般不畏惧最高 6 个月的刑期,也不会怜惜几千元的罚款。如果酒驾被处罚了,亲朋好友都不会因此嫌弃或认同他酒驾是品质的行为,他只是不慎犯了一次意外的错误。比起小偷、嫖娼那样的臭名声来说,酒驾当事人甚至会底气不减地承认,是的,我是酒驾被处罚的。我说过了,酒驾即使判他几年徒刑或者拉出去毙了,也照样会有酒驾者以身试法,甚至前赴后继。屡禁不是我们的权宜之计,也不是永久的良策。随着文明建设的进程,酒驾作为陋习最终会离我们渐行渐远。但查处酒驾,我们还得坚持不懈地搞下去!

经济适用房
的背后

　　我们知道,经济适用房的本意,是政府为城市部分买不起高价商品房的人群而考虑筹建的市价比较低的住房。这与拆迁安置房不同。拆迁安置房是城市旧城改造面临的普遍现象,政府一般按照拆一还一,再低价提供部分因面积超过的安置,极大地改善了市民的住房条件。拆迁房一般也是原拆原迁。它可以进入二手房市场。但拆迁安置的住房一般面积不大,普遍在六七十平方米。而经济适用房首先就名不符实,普遍在八九十个、一百二三十个平方米以上。为什么面对无购房能力的困难家庭要提供如此大的面积? 他们中很多借钱,筹款买房并不是为了享受,而是期盼三五年以后在房产市场上高价卖掉,再换个小一点的房子,从中还了借款还能赚一点。变了味的经济适用房就是个暗流。那些有能力，开着轿车去买经济适用房的，是为了享受一百多个平方米的房子吗？真正没有房子的能拿到七八十个平方米的新房子，那才叫高兴，才真的谢谢政府。经适房由于它的售价特别低，成为炙手可热的抢手货，也因此成了某些人千方百计钻营的目标。经适房的背后有很多文章。从字面上理解，经适房是指那些设计、结构简单，用料（即建筑材料）不考究，设施配套简单，面积偏小，地段不太好的住房，乃至有的领导学者看到开宝马奔驰的也过去抢购这类房子，就告诫经适房是没有卫生间的，看你一个大老板也有颜面去住这种房子。但是经适房的背后还有什么真相？虽然在我们杭州申购经适房有条件限制，还有小区公示，上级审批，层层把关，但仍然有许多人能申购到经适房，呈现供不应求的局面。当然经适房并不是我们从字面上理解的那样的住房，实际上经适房是国家提供土地，由开发商建造，房价中少了土地出让和房产中介。如果把土地成本和房产中介的费用算进去，就是商品房。房价虽然低了，但对开发商来说，少了地价成本，他仍旧赚钱，某些开发商以经适房的理由在建筑材料、施工方面明目张胆地偷工减料，以次充好。所以经适房和商品房比较，从任何方面看都要低一个档次。再从另一方面看，经适房面积都不小，大多在八九十……一百二三十平方米以上，在杭州按照四五千元一个平方米购房的话，也要四五十万元，大多购买经适房的工薪阶层，你说说他们有这个实力吗？其实申购经济适用房的杭州本地市民，即使他一家三口有八十平方米左右的住房，只要他的子女不是房卡的户主，他就基本上有这个条件申购经适房。对某些经济条件比较好的市民自然面积越大越好，五年以后拿到房产三证再转让，不是可以赚到一大笔钱了吗？在杭州房价看涨的形势下，经适房就算真的没有卫生间，装潢可以改变全部面貌。事实上，也不存在经适房没有卫生间的现象，经适房本质上就是商品房。拿我本人作实例来说：我是拆迁户，按照政府最低的拆迁享受以 36 个平方米为最低拆一还一的标准，我分到一套 70.34 平方米的新住房，现在杭州市政府提高对拆迁户的住房享受，已不再设计建造孤老套的住房安置，并且提高到拆一还一至少 48 平方米的标准。我 36 平方米以外的扩面部分以 4 236 元每平方米买入，如果按照现在的高房价我可以得到 200 万元的交换。尽管我已拥有了房产，子女若还没有结婚，可以申购经适房。当然经适房越大越好，因为经适房几年以后可以在二手房市场上交易获利。至于子女或本人的住房问题，各家都有各家的优势，有继承遗产的，有大房子换小的，有住廉租房过渡的，有住公婆家的等等，看准房地产的行情，你有一套房的底本就

　　　　　　　　　　　　经济适用房的背后

可以进入炒房的行列赚现钱。我的许多老邻居家里虽有四五口人，但同个住户内列有两个以上的户口本，他可以得到两三套的拆迁安置房，还能申购经适房，因此房地产有利可图，谁都想把脑袋削尖，把手伸长。

　　通过经适房的现象，我们也可以看到房地产的另一面。房价持续走高，至少在二十年内，住房需求还有很大的市场。由于中国人口基数大，每年进入婚龄的男女都有对婚房的需求。在父母相对健康长寿的社会面前，进入婚龄的"八〇后"青年接受父母遗产的机会还没有到来。而他们大多是参加工作不久，没有经济实力，因此政府提供经适房是解决婚房问题的一个措施和途径。只是经适房的背后隐藏了很多玄机。

炒房团是
房产中介
的肥肉

在房地产业蒸蒸日上、欣欣向荣的浪潮中,炒房团掺和其中推波助澜。人们惊呼房价高涨!房价水涨船高的同时,在一个个新楼盘的现场,人头攒动,像赶集市。尽管政府一再使用限贷、限购新政,但对于有钱人来说可能又是一个炒房赚钱的好机会。当然有钱人也不只是那些炒房的专业户。炒房是市场经济的一个反映。但炒房有个团,那可能是虚拟的。所谓温州炒房团也只是泛指。如果在任何一个楼盘前记者问:你是炒房团成员吗?是!那又怎样?不是!那也不是一顶帽子可以随便往人家头上扣的。心平气和地说,炒房的人是有,他们在浪头上到底有多少人?谁也不会去统计,所以只能泛指。房价一再创新高的现象,多少也归咎于他们。他们确实有钱,是炒房还是买房子,谁也无法阻拦。房价不断创新高的现象,也有多种因素的作用。经济学家、政府官员也肯定做过不少的分析和研究,想出各种方法和对策。但这些在赚钱为目的、花钱最为公平的市场经济面前,都是一种无奈。不管怎么说,房子有人买也是好事,能为自己买一套不是租的房子,能为自己换一套更大一点的房子享受,与其让自己多余的钱冒风险炒股还不如为自己再购置一套房子更为安心。这是有一点钱的人普遍的想法,无可厚非。炒房的为自己多得数不过来的钱化作一套又一套的房产何乐而不为。我不需要贷款,能赚一点就赚一点,亏一点也就亏一点,真有钱的人可能也就这个心态。你们说我是炒房,有点冤枉,我根本不在乎房价,空房子多了,已有这个实力我还在乎银根又收紧了吗?反倒是又给了我一个财富积累的机会,炒房就炒房吧!我没事干,赚多少不要紧,亏多少也不在乎。在出租车里,有房产的客户说他在杭州有十几套房子,我想他没有必要向我吹牛吧,我和炒股的大老板聊天,他是搞建筑的,他说股市昨天跌了,他亏了 150 万元。轻描淡写的神态,在他们眼里钱是何物?

真正在炒房的大多在二手房市场。房产中介的兴起是一个佐证。我看到一个记者在二手房市场采访一个顾客,大致内容是问他对政府控制购买二套房、三套房的调控措施。她是一位杭州本地市民,她不缺住房,她有多次二手房买进卖出的经历。她向记者坦诚,她买进一套又卖出一套,从中赚了不少钱。她有完全不靠分期付款的实力,但就是有这个实力,她也希望能得到贷款。现在房贷利率提高了,政府对二套房、三套房购买者又实行了限制。她向记者明确表示:"我就干脆一次付清。至于身份证嘛,可以向不买房的亲友借用。我赚点钱就是靠买进卖出,对没有工作的我,这是一桩很好做的生意。"记者采访的内容大致就是这样。我们说的炒房团,这些散客才是真正的炒房团成员。房产中介,在做这二手房交易的大有人在。他们的面比较广,只要有一套房的经济实力就可以炒房,做这个生意,在房价日趋看涨的市场,他们是主力军。温州炒房团泛指大老板一类的成员,他们在浪尖上,总是胜者。大鱼吃小鱼,资本社会的经典之喻,现代社会也是如此。听说温州炒房团的资本又在向迪拜、境外扩张。炒房成为一种现象,政府方面也有责任和原因。房地产业形成的经济泡沫有还是没有,有多大,谁也说不清,经济专家们之间有争论,政府官员之间也各有各的看法。好在我们的经济体制和美国相比有很多优势。美国发生次贷危机是他们不良信贷积重难返的后果。我们国家的大银行,发放贷款的主体和手续是相当严密和完备的,就是现在雨后春笋般

炒房团是房产中介的肥肉

冒出来的股份制民间银行,他们除了有国有银行的一套管理办法,还更加灵活。所以美国发生的次贷危机,虽然影响了我们的进出口贸易,但对我们国家的负面影响还是很小的。即使人民币升值也是有利有弊的,利大于弊还是弊大于利?话说回来,炒房团成员,因为炒房而形成许许多多的空置房,对政府不会造成危害,他们多数不靠贷款而购置的房产,就是泡沫也在他们一个一个的个体中间消化。他们不欠银行的贷款,就是抵押贷款,银行也不存在风险。真正需要房子而在按揭的住户,银行也用不着担心,他们多数是公务员或有稳定的工作和收入的人,对银行也不构成危险,倒是银行出了内鬼才是可怕的。炒房团炒房,有人买有人卖,归根结底还是一种市场经济。对经济适用房的推出倒是有很多问题可以研究的。

现在政府出台房产税,房产购置收税确实对炒房做房产交易的生意人是一记重拳。那些一次性付款的购房也遇到了拦路虎。是否有负面影响?房产新政对房地产的开发起到了降温和减缓的作用。房地产业的降温和减缓,其他所有有关的行业也肯定受到牵制。中国的经济增长将减缓。市场经济出现无序的失控,用征收房产税来调控实际上也是一种行政干预。但愿征税这种方法能因势利导,不让市场经济成为一匹脱缰的野马。

炒房团是房产中介的肥肉

向内行请教

股票市场

　　我从来不玩股票，所以对股票知之甚少，也许让我这个门外汉来谈股票，就像前面谈油价涨和跌，向发改委建议取消公路收费一样会引出笑话来。因此我是向内行请教股票市场，用请教来提高自己的股票知识，什么时候也可加入股民的行列。对股票这两个字的印象，在我原始的记忆中好像是哪个厂，因为生产需要、资金不足，向厂外的人们发放股票，承诺厂子赚钱了，你购买了我的股票我会一分不少地还给你，还另加红利给你。你买我的股票越多你获得的红利也越多。人们凭感觉认为这个厂有实力和信誉，不会骗人的，人们也知道这个厂的底子。我对股票原始的印象就是这样。1980年以前，还没有股票市场的时候，我们也听家里大人们说买国债,国债利息高,还是支援国家建设的爱国行动。所以那时候的国债是否也像股票,我们的认识是模糊的。反正这种票和债是会偿还的,没有风险,没有后顾之忧。国债现在还有,它利率高没有风险。人们知道有钱买国债是一个没有风险的投资。但现在国家发行国债有限额和不定期的,它和股票是两回事了。如今涉足股市的市民越来越多,每个家庭几乎都有成员涉足股市。像对麻将一窍不通一样,亲友们笑我炒股都不懂,怎么还会写文章啊。我还因此争辩炒股有什么学问。炒股需要知识和学问吗?你不懂就是没有学问。我说那不叫学问叫常识。就拿操作信用卡来说:出租车公司给我们办了一张招商银行的卡片在 ATM 机上存取款,我当时确实还不知道卡片该怎么插进那个 ATM 机里,旁人提示我操作,我才完成了取款手续。这么简单我就是不会操作,这有学问吗?我想这不会成为笑话。不会炒股是落伍了,但我为什么要去炒股呢?每天翻报纸,报纸上那整版整版蝇头大小的什么股市行情,我想有谁会在持放大镜细究。证券交易所电子显示屏前,变幻莫测的行情和股民热情、兴奋、沮丧的表情,我认为这只是一种生活方式,是有刺激的生活方式而已。你融入了它,但与我不搭界。我也有自己的生活方式,就像家人怀疑我整天陷在棋盘前沉思,会不会也是一种枯燥和无聊的行为?

但是对股票我为什么有话要说？因为对股票持有不同观点的并不是像我这类无知的人，而是持有经济学家头衔的一类有学问的内行。以厉以宁为首的5位经济学家，对以吴敬琏为主的经济学家就进行过激烈的辩论。厉以宁一方认为股市是资本市场，吴敬琏一方认为股票就像赌场。这种分歧太大了。他们都是经济学的专家，因此我向内行请教和提问，也许会显得更真实，因为我代表了像我这一类不少的人群。

如果股票像我原始记忆中的那样，我认为股票是一种集资、投资的行为，以此扩大再生产，是一件利国利民的大好事。但像现在股票市场反映出来的种种现象，我总是在反问自己：为什么？我不懂，我迷惑。在我们的周围，经常可以听到关于股市传来的消息。有一年某一天，股市大涨，某某股民由入市时的12万元涨到了150万元，他是个保安，当即就抛掉拿到了现金。某某一夜之间亏了，套牢了，沮丧得很。最临近的消息是我妹妹那种懊丧的心情。她说她已赚了十几万元就是不走，结果套牢了，两三年了都没有翻过来。小股民经常在玩，心态也练好了，反正是小搞搞嘛。但是有的现象就不正常了。某某因为股市大跌跳楼了，某某把多少多少公款也炒没了，某某因此离婚了等等，这些不和谐的事情，我们都有所闻。茅于轼教授告诫我们股市充满了欺诈和漩涡。股市财富神话的背后有多少黑庄,黑嘴制造了多少黑洞!还有评论说:股市财富神话的背后有一点是毋庸置疑的,在中国股市隐藏着内幕交易和操纵市场的影子。因此一般经济学家们都不炒股。

现在的股市让我们搞不明白的事还很多。小股民拿点闲钱投入股市都说是玩玩,不较真。但是我想问问那些股民,你把钱买那个股票,你是否了解那个股票的老板(即上市公司),它的生产和业绩怎么样?你这种投资有把握吗?他们会这样回答我:你每天盯牢股市行情嘛,每天每时每刻关注它,它是你每天生活的一部分,赚了就赶紧抛,跌了就耐心等,等机会从天而降。至于买哪个股,主要看你是买低价股还是高价股,稳当一点买低价股,刺激大一点买高价股。这些都可以让人理解,问他们选股是否从几千个股票中,细究过他们的产业和前景,那肯定是摇头的。

股市是一个证券投资市场,你几万、几十万元本钱投进去就像押宝,钱生钱的游戏。老板们几百万、几千万地投进去,输和赢都可以在一夜之间发生。暴发户、百万富豪可以这样制造出来。除了赌场,我们无法理解,这也是社会资本积累和创造商品生产剩余价值的资本市场。但是根据水桶木板效应的理论,我们也可以理解,股票市场涨和跌就像两只水桶始终要保持平衡。某个股票都是这个水桶上的一块木板,股民们把钱投进去,发生泄或溢都由水桶上的那块木板高低而变化。水的总量始终不会超出水桶的高度。至于溢出的一部分,除了一部分股民兴高采烈"割肉",还有一部分就是证券市场的收入,经纪人、经理、股票分析师这类人的天价工资。当然还有内部操控人的黑庄、黑洞效益。人们都知道,赌场历来都讲公平原则。要是有作弊、老千行为被发现,那十有八九会发生打斗、报复和各种治安事件。如果股票市场存在操控、内幕交易、黑庄、欺诈、黑洞等等这种现象,那么股票交易就存在不公平的行为。以吴敬琏为首的反方提出它是赌场论是有道理的。如果照厉以宁一方提出的资本论,我也想问问明白:股民购买某个股票炒股,这是投资还是投机?举例来说:如果我投入一个亿买了杭萧钢构这个股票,是否就和杭萧钢构这个企业的产业形势有紧密的联系?还有杭萧钢构这个企业能否使用这份投资的权利?我曾否认炒股要有学问,不要见笑,我曾看不懂刘纪鹏、曹凤岐等十位知名教授联名上书国务院,建议把股市振兴作为当前扩大内需,促进经济增长的切入点。他们提出了"大小非"解决方案。

他们应该是经济专家,扩大内需振兴股市,让股民们再投资多买股票。内需要花钱,让股民投资,那么商品市场怎么扩大消费呢?如果操控股市让股票普涨,让股民们都发横财,股民们以为赢来的钱不费力,花起来大手大脚不心疼,以此扩大内需,这可能吗? 如果我的理解正、反都是错的,那么十位教授建议振兴股市的意图是什么呢? 还有解决"大小非"的方案,就大非和小非我都不好意思问别人是什么意思,不懂就是不懂嘛,问路人问朋友你知道什么叫大非,什么叫小非? 我说你知道什么叫涨停板,怎么不知道大小非呢? 后来国务院是否采纳和解决了十位教授提出的建议,我没有关注后来的消息。我想这就是学问吧。股市的学问有点像纸上谈兵。谋划确实应该掌握学问。这十位教授我想他们应该是股民,他们也炒股。茅教授说一般经济学家自己都不炒股,这只是个例外吧。

　　我想资本主义国家的社会制度和发展过程,与我们国家的社会体制和发展过程是两种模式的发展过程。他们至少有二百年的经历,他们从来没有说在什么主义和理论指引下,取得了今天的伟大成就。股市的演变和发展形成他们今天的股票交易市场,这是他们资本社会发展的畸形产业。他们操控油价,操控市场,他们可以大言不惭地说这就是赌博、赌场。我想问问正方的经济学家们:股民们可以不炒股吗? 如果都像我不关心股市行情,厉教授那样的经济学家们也不炒股,不玩股票的人占了中国人的半数以上,股市是否会衰退,会不会消失? 股市消失了又会是怎样一种经济局面呢？大家都可以提出问题参加讨论嘛。比如说国家禁烟，烟民愈来愈少，这是一个趋向，也可能事实就是如此。社会上没什么人吸烟了，烟厂倒闭了，会对国家的财政收入，经济建设有什么影响吗？当然土地也在减少，国家逐年减少了土地出让的收入(可能还有小岛屿的开发和出让)等等，我想肯定不会。许多建筑物的设计寿命只有70年，民营和个私小企业的寿命也只在三五年，人的平均寿命算它提高到九十岁吧，新的一个轮回又将开始了，周而复始，政府不差钱，追求和享受有阳光的每一天，每个人的眼力触及只有100年左右。100年以后的事，有科学家和政治家，杞人忧天就不必了。不过，向内行请教，还有一些问题我想说：如果说炒股涉足股市需要有学问，各行各业都会有拔尖人才，而股票市场的学问直接与赚钱挂钩，作为社会的个人谁都想赚钱，赚大钱。股票市场那些玩欺诈，搞黑庄，掏黑洞暗箱操作而不当获利的行为，都叫非法或者叫违法所得，但揪出来的很少很少。我听到过杭萧钢构有三个人曝光过。股民们都在认真地分析股市行情，钻研股票曲、直线的走向，国内没有哪个学习班，会像股民们那样集中和专心。杨百万是个老股民，他写过关于股票的书，在股市他是出了名的，但他在股市的地位还是很低的，他只是股民中的一个代表。高级人物有基金经理、董事长、股市走向的分析师、股市评论的评论师、证券交易所的高级经济师……他们一般还冠有教授、专家的头衔。论学问，谁也没有他们专业，股市赚钱，他们应该是近水楼台先得月，我奉劝股民们不要再盲目炒股了。股市有风险，投资请谨慎。你没有学问没有优势。我想能搞欺诈，能内幕交易，制造黑庄、黑洞，张口黑嘴，能操控市场的必定是要有学问的人，是内行中的佼佼者。一般股民你有这个能耐吗？还是买彩票吧，它老小无欺，中奖的几率谁都有。冒领、彩票造假在高科技面前，我还没有听到有得逞的实例。

古玩·
收藏
和赝品

　　河南安阳在一次没有主题指导下的挖掘中,发现一座竟是曹操的高陵。距今1 700多年前三国中的重要人物曹操,在中国的历史长河中是影响很大很深远的一个人物。在中国老百姓的口头上历代流传着说曹操曹操到的浓缩的典故。高陵中因缺乏直接的证据,引发很多方面的质疑。最后中国社科院考古研究所,根据文献资料和出土的魏武王的遗物,推测和认定这就是曹操的高陵。但是这由国家最权威部门的认定,还是引来不少人的猜疑和质问,甚至说这有造假的嫌疑。当然,这中间主要可能来自对其他曹操墓葬地的推测,也可能有地方保护主义者,出于经济利益的驱动,来否定河南安阳曹操高陵的发掘。考古也就是考证而推定。国家最具权威的考古研究所认定的结论应当是有说服力的。反证方要否定它,最简单的就是拿出你的实物和推论,比如曹休墓里因为发现了曹休的印章而铁证如山。曹操墓的发掘和开发,使不少人对发掘刘备墓也发生了浓厚的兴致。当然考古学家马上发话了:按照现在的科技水平不宜对古墓进行发掘和保护。我认为:保护文物也就是两种方法,一是发掘后用现在的高科技保护起来;二是让它在墓中保存(也就是慢慢地烂)。发掘和保护都不宜用经济利益来驱动。考古价值、新闻价值、旅游开发价值等等,是人们期望的。就简单地强调按照现在的科技手段,还达不到发掘和保护的水平,因此放弃或阻止也是不可取的。因为在墓中保存,也只是在保存中慢慢地腐烂。刘备墓至今也有 1 700 多年,墓中的文物不知是否还存在。也许以现在的高科技手段能保存得更好,当然刘备墓的确认也非要开棺论定。按照文献资料和权威推定同样可以认定,也同样可以拓展经济效益的开发。

随着我们经济的繁荣,对古玩的兴趣也空前地高涨。没有比古墓里的好奇和发现带给我们更大的诱惑。瞪大眼睛对古墓发掘的注视,屏气凝神对棺椁的开启……不会亚于人们对 UFO 的关注。

青山依旧在,几度夕阳红……人类历史的昨天就成了我们手里的古玩。地面建筑几乎都已消声灭迹：秦王朝的阿房宫，开元贞观时的大明宫，南宋王朝的德寿宫……皇宫作为中国封建社会最具代表性的博物馆，我们能看到的故宫、长城也仅仅只有四百多年，如今只有探究鲜为人知的地下宫殿。因此人们更珍惜手里的古玩。古董是一个时代的缩影。但是古董成为现在可以用货币衡量的价值，并不是先人们的初衷。先人把家里最好的器物藏到自己的棺内，埋入深土，根本没有想到几百年、几千年后它会与货币挂钩，它仅仅是其生前享用的，死后也许天堂里用得着的东西。当时的盗墓者也不会是文物贩子，也不是文物欣赏家。他们冒险挖洞直至内棺，目的就是盗取金银铜铁，有交换价值、没有含金量的器物，只是随手带走。可以说盗墓者的身份都是当时社会的下三滥（当然也有例外的，比如曹操盗墓、孙殿英炸墓……）。物总是以稀为贵，而古董和价值关联也不是以它的实用性为前提。古玩的真实含义就是欣赏和收藏，再则国家文物保护的需要。欣赏也只能是孤赏聊以自慰。以收藏和欣赏为目的的持宝人，他不会以价值为目的。因此祖传家传而一代一代留下来的持宝人，他们是真正的收藏。收藏也是一种快乐的隐私。他们最终的愿望是让它成为国家的收藏。个人收藏不利于安全和真正有条件的保护。文物最大的威胁是战火和天灾。战争是人类的灾难，也是文物的灾难。敌对方可以一把火使一切化为灰烬，天灾也可以摧毁一切。我们无法估量战争使多少文物流失，我们也无法统计自然灾害使多少文物毁灭。

古玩和收藏，是近代才兴起的一种人文价值观。根据历次古墓挖掘后的结果看，墓葬里随葬的器物，都是当时社会生产和使用的东西。比如唐墓里没有汉的鼎，宋墓里没有唐的锅，明墓里没有宋的画，清墓里没有明的瓷……说明当时社会的上层人物没有收藏他当时被人们认为可以把玩的器物或是宝贝，值得一起埋进"天堂"。即使明清晚期发掘的墓葬，从定陵地下宫殿出土的文物看，也没有发现宋时的器物和古玩，慈禧陵寝里无数的珍宝，也没有发现有明时的物件。这都可以从一个侧面发现古玩和收藏成为有意识的持宝行为，至少在清王朝以前并不流行。至于家传的祖传的宝物，都是个别家族的个人行为，有些甚至可以怀疑是盗墓者的先人。还有之所以保存爷爷的爷爷遗留下来的信物，也是出于一种尊重和孝道，无法和鉴宝收藏有意识地联系起来，也许无法用来交换或变卖。现在有古玩市场，有鉴宝活动，有拍卖市场，不然捡漏只能说是古时候随手可得的废品。就是近在"文化大革命""破四旧"的呐喊声中，谁能统计出有多少文物被扔向火堆，灰飞烟灭。人们期望古玩市场淘宝的希望，孕育了赝品行业的兴起。当然出现赝品有两种可能：一种是模仿，一种是造假。模仿(也可叫临摹)是第二个真迹,造假则可以批量生产。这才真正叫受经济利益的驱动,赝品本来也是名人的习作,如今却成了现代高科技下的复制和仿真。昨天(2010 年 9 月 26 日)我去看了中国美院展出的古代书画,高仿真明码标价,从几千元到几万元一幅裱帧酷似的古书画,落款各路名人。我和展览布置人有一段对白:"师傅,您这仿品最低可以打几折?""对美院师生我们可以最低打八折。""这仿品比赝品还要低一个档次,咋还卖那么贵呢? 如果 500 元起拍,您觉得能拍到您现在这个价吗?""你认为赝品和我们的高仿真有什么区别吗?""区别那肯定大了,传统的赝品也是一种创作,好的赝品是专家鉴定出来的第二件,虽然赝品不值钱,但还有欣赏和收藏价值,您这高仿真说白了就是印刷品,您认为呢?"布展人没再说什么。现在在经济利益的驱动下,古玩市场什么赝品都有,高科技的手段可以克隆任何原件,假币甚至都可能蒙蔽一般的验钞机。为防高仿真的赝品混淆视听,我们在鉴宝节目中看到鉴别古玩用上了化学元素测定仪。前面谈到古墓的发掘,都只能找到古墓当时社会的痕迹,直到明定陵的开启。当然古墓里绝对不可能出现古墓后面年代的东西。古玩的欣赏、收藏是清朝以后随着侵略者的掠夺及我国经济日益繁荣以后出现的现象,民间的藏品也因古玩市场的兴起而逐一亮相,文物拍卖的形式也应运而生。价值连城的古玩谁也玩不起,天价被拍的藏品对任何个人来说,潜在的安全都是一个问题。最终回归国家收藏是它最好的安顿之所。不少民间有实力的收藏爱好者,在他百年以后都必然有个交代。是继续家传还是变卖? 人都生不带来死不带去,有识之士把无价之宝都无偿地捐献给了国家。当然家有一件祖传的古玩是一种荣幸。好好把玩,时时欣赏,陶冶情操是一种高雅的乐趣,特别是字画更有视觉享受,能为居室增辉。除了祖传的收藏,任何古玩、淘宝、欣赏、收藏无不与自己的经济、知识、身份、经历相关联。国家能更多地展览文物,民间的古玩、收藏又能更趋向理智地收藏和保存,是我们当前古玩、收藏健康潮流的要求。把握引导这个潮流的主体,就是国家及国家的各级文物部门。

保险公司
还保险吗？

保险事业与老百姓的衣食住行、生老病死息息相关。那么谁有资格和能力开办保险公司呢？保险是一个国家经济实力的佐证，也是政治和管理社会的需要 。最初的保险是国家以银行为基石的保险，理赔多少对保险公司及员工没有什么风险。随着改革开放经济日益繁荣，保险事业也开始融入金融业系统，对社会安定和规范保险行为履行管理职能。保险公司像雨后春笋一个一个地冒出来，以股份制出现的保险公司成了主流，融入民营资本占用分红和吸纳保险资金。保险公司追逐盈利，除了支付公司正常运转的一切开支，股东还要有一定的红利。养老保险、医疗保险有地方财政和国家财政扛着，老百姓毋需担忧，问题和纠纷最多的就是财产保险。但参加医疗保险和养老保险对老百姓来说是有各种条件所限制的,人寿险只是这类保险的补充。为什么我说老百姓参加医疗保险和养老保险无需担忧呢? 因为这两类保险是国家行为。国家富强了这应该是福利,社会制度的优越性从这里体现出来。为什么像美国那样富足的社会,医疗保险却是个软肋,医疗改革遇到莫大的阻力,即使奥巴马努力使国会通过了医改方案,它要真正实行起来却困难重重。因为医改不是政府一槌子砸下几千亿美元所能彻底解决的。随着经济发展的起落,财政赤字的出现,人人享受医改得到的好处都会受到干扰。富足的人不需要享受医改的好处,他花钱就可以得到最好的医疗保证。我们的财政有大型国有企业的支撑,有地方各级财政的扶植,改革医疗,养老保险完全可以向福利事业发展。

相对来说,财产保险麻烦和纠纷就多了。保险虽说也是一种承诺,信誉第一,我就是亏了老本向银行借钱,也要把你的合理合法的赔款一分不少地给你。这是每个保险公司信誓旦旦的承诺。事实也是这样的。保险理赔的同时也起到一种管理和约束的职能。老百姓理赔难,有意见,若理赔不难,又可能是一种放纵。保险公司例示的所有条款,就是制约和管理你参保的具体行为。实践中发现某项是霸王条款,可以这样理解:不霸王你可能放纵。霸王条款可以通过辩论或法院裁定。保险理赔前车可鉴。当然大多数的参保人并不是希望从事故和理赔中得到什么好处,可以说无好处可言,为的是从心理上得到一种慰藉。保险理赔在一定的范围和意义上说,已不再是一种国家行为,保险理赔成为企业行为,企业要生存,万一保险理赔入不敷出怎么办? 这是存在的风险,但在现实中这是不可能发生的。寅吃卯粮可以不断地延续下去。再从保险业务看:我开出租车15年,像所有的驾驶员一样,发生事故难免,但发生事故都可能有一个规律,第一次全责,第二次主责,第三次次责,以后就是无责或都是一些擦擦碰碰的私了的小事故。鉴于保险公司理赔的拖拉和打折,许多小擦小碰的事故其实都私了了。我们出租车司机在实践中都有一个不成文的潜规则,凡是在1 000元左右的事故都采取私了,从经济效益看:要从保险公司那里拿打了折的理赔款费力不说,还要受到交警的扣分罚款和出租车公司的年度评奖等一系列的连锁反应。私了这种最快捷省力的做法,保险公司不知少付了多少理赔款。保险公司正面的形象我们持肯定的态度,负面的就是理赔难、拖拉、理赔递减、霸王条款、提高保费,并且拿天价工资的管理层等等。保险本来是国家行为的行业,在改革开放中下放到企业这个行列,其实它与商品生产没有直接的关系。保险成为企业它没有商品生产的属性和条件,那么它又要追求更大的企业效益,就必定要大量地吸纳参保人的保费,另一方面就要千方百计地减少支付的可能,制定出更多的拒赔条款和理由。当然我数落保险进入企业的种种不作为又能怎样,难道保险可以成为一种福利事业吗？社会上有骗保的人,还有碰瓷的人,他们会钻保险的漏洞,似乎只有让企业行为来对付它。

人口结构与

经济利益

人口必定与经济利益关联。现在世界上人口过亿的国家至少已有 10 个。这 10 个国家的人口总和已接近 40 亿。中国是传统的人口大国,印度据称已有 12 亿。在谈到人口结构和经济关系的时候,我觉得孟加拉国不同寻常,这个只有 14 万平方千米的国家,却有 1.6 亿左右人口,衣食住行是怎么发展和解决的? 我没有从电视和新闻报刊中获得更多的信息。如果可以借鉴的话,有什么理由妄断地球 80 亿成为惊叹的极限。我不是想借孟加拉国的人口密度来为世界人口发展鼓噪。地球的资源有限,人口又是永久性繁衍的生灵。没有计划和控制,人类回到自然生存的状态,只能是又一个灾难的轮回。当然站在本国的利益上,谁也无法干预他国的生存观念。俄罗斯守着那么大的疆土，面临人口下降的趋势，鼓励人口增长自然是国策。中国面临四个老人两个大人带一个小孩，也不得不考虑八〇后计划生育二胎的新政。印度要成为军事强国人口第一大国，我们也无需指责。西欧面临人口负增长，成为政治家的心病。每个国家的国情不同，自主发展的道路和模式也只能借鉴，和平共处。人口结构和经济利益息息相关。我们会有很多联想：拿地区冲突来说，现代化战争都会使用高端武器，导弹、飞机等都能遥控指挥，远距离作战。但最后解决战争胜负的决定因素，是人的短兵相接。如果一个国家只能由女兵组成军队，那么美国大兵的战斗力可以提高十倍。假如俄罗斯五十年后征兵无男儿，那么几万公里的边境，日本要过来找气挖油没人阻拦怎么办？世界那么多大国，军事强国，每年开支庞大的军费用于防御或战争。无奈，面对征服和被征服，都要结成联盟用来牵制和对抗。反倒是那些小国，用不着军队和重武器，组织一些警察对付小偷就可以了。拿地区贫富差距来说，发达国家的人口呈下滑趋势，贫困落后的国家及地区人口总是呈上升势头。这种反向的差距又反向地表现在工农业生产的水平中：人口少却劳动能力科技含量高，劳动者本人素质高，投入产出比例高。经济效益又反映生活质量。贫困落后人口多，劳动价值低，劳动者受教育水平低等因素影响,经济效益回报率低,自然生活质量低。且贫困没有制约人口增长,反过来却成为人口增长趋势的助推剂。我们在阐述国情时总是说人口多,底子薄,为什么? 底子薄反而人口增长快,我们从新中国成立前的四万万同胞到"文化大革命"前的六万万同胞,后来又到 1980 年前的十亿人口八亿农民。三十年时间,我们的人口翻了一番多。1980 年以后实行的计划生育,使我们后三十年的人口阻止了几何级数的增长。人口反映出来的经济效益不言而喻。不过中国人传统的谦虚,即使人口 13 亿,国力达到世界一流也会说:我们人口多底子薄。我们是真正的大国风范,我们也真正会说,深挖洞、广积粮、不称霸。

谈到人口结构和经济利益的关系,我认为世界上有两个国家可以让我们借鉴和研究:一个是孟加拉国,一个是以色列。以色列只有 1.49 万平方公里,780 万人口,相当于我们一个杭州地区。它却是个军事大国、科技大国。要谈解决吃饭问题,孟加拉国这个只相当于我们一个安徽省的国家,自然灾害频繁,却生存着 1 亿 6 千多万人,使得经济学家的人口论相形见绌。要谈军事,以色列 1.49 万平方公里的弹丸之地,它却拥有世界军事强国大国的地位。如果怂恿它的野心,它征服一个大陆也能得逞。这使得军事专家纸上谈兵也相形见绌。有了这两个明摆着的典型,使我们任何对人口结构和经济利益的研究,还能得出怎样让人满意和信服的结论?

以色列人也称犹太民族,他们不是外星人种,他们也是人类进化而来的,犹太人分布在德国、美国等世界上许多国家和地区。许多杰出的科学家都有犹太人的血脉,他们对人类是有贡献的。当然以色列搞军事强国富有野心和扩张,只能说是一个国家及地区之间的矛盾和冲突,并不是一个犹太民族的本质反映,就像希特勒不能和日耳曼民族相提并论。拿孟加拉谈经济利益,我不知道在同样 14 万平方公里的安徽省,假如也有 1 亿 6 千多万人生活着,衣食住行……将会出现什么状况,而我们的官员、我们的经济学家又会发表什么言论。换位思考,我想孟加拉的状况也是我们所有国家的一个借鉴,借鉴的用意和目的也是让我们引以为戒,或者说是取长补短。世界其实也是在比较和学习中发展起来的。和犹太民族一样,中国人也是聪明伟大的民族,他们信奉取其精华舍其糟粕的改革开放精神,他们正在成为一个发展中大国的榜样。

上面我拿以色列和孟加拉说事,其实也是借题对我国现行人口结构和经济利益谈点看法。借鉴以色列,我们中国在国际上的威望会更高。借鉴孟加拉,我们会更好地改善和提高人口结构的合理性,加快发展经济。中国要成为军事强国,人口结构合理是完全必要的。因为中国是安理会的常任理事国,负有维护世界和平的历史使命和不容推辞的职责。

中国目前正在展开第六次人口普查。我家也来过普查员,就是拿出户口本,按户口本上的信息,在他的调查表上打几个勾。其实像这种普查可以在派出所的电脑上敲敲键盘汇总,因为他并没有向我们要求提供户口本以外的信息。我是这样被普查的,那么千千万万个我,也一定同样是这样的。不过通过人口普查,也就有个依据,这样做也无可厚非。人口普查,性别是一个重要的参数。但性别比,每次人口普查的结果都是男性比女性略多一点。人口总数嘛,国人都能猜,增幅不大,13亿多,你说14亿、15亿也行。人口结构中,男女性别比,我们一直强调自然怀孕,严禁B超鉴别胎儿性别。人类能鉴别胎儿性别,也只是最近几十年的事,现在还群居的哺乳动物,没有办法选择意志怀孕,保持性别比的平衡,就是靠决斗来淘汰老弱病残的生存法则。人类也是这样进化过来的。现在这种自然法则受到了挑战,人类可以有目的地改变和控制性别的配置:试管婴儿,克隆器官,还可以制造生命。受经济和社会属性的影响,人们可以选择自己生育的主观要求,至少重男轻女的传统观念已经在改变。人们不再需要养儿防老,打仗也不需要男人蜂拥而上。女性善于内持的优点,更使一代新人不再看重男婴带来的喜悦,有的夫妇还更偏向女婴带来的福祉。

　　人口结构和经济关系,除了性别、职业、年龄、素质等要素外,最最重要和基本的要件就是人口数量。一个国家一个地区拥有多少人口是合理的,这直接关系到资源、生产、环境、教育和生活质量等等经济指标。世界上小国的人口我们可以忽略,况且小国人口少,经济资源利用率高了,还不用组织军队守界护疆,也没有哪个大国去向他们炫耀武力。几千人、几万人的国家元首还享受大国平起平坐的接待,令世人仰慕。

　　世界上人口过亿的国家,从每本新华字典最后的附页中都可以浏览到。美国地大物博,人口 3 亿,是发达国家综合实力第一的强国。以前我们称它是超级大国。俄罗斯国土几乎是我们两个中国,但它的人口只有1.5 亿左右。三个世界大国比较而言,美国自然是最理想的,打个比喻,美国是三口之家,中国是大户人家,俄罗斯家中老小凋零寂寞有余。中国按照目前最理想的家庭结构是父母膝下有一儿一女,当然有"两千金"也皆大欢喜,小康之家其乐融融。中国人口如果要达到理想的七八亿,还是人口大国。要从目前的约 14 亿降下来,按现在的计划生育政策也得百年以后。当然我们不用杞人忧天,老百姓嘛就信口一说,有时候也可发发牢骚。

　　中国人口的分布,由于改革发展的原因,在沿海一带的省、区密度很高。内地大量的民工涌向经济发达的沿海地区,因此人口分布不尽合理,从长远利益看弊多利少。不过国家早有开发西部的决策,民工和人口今后有向西部扩散的迹象。我们是乐观和欣慰的。茅于轼说,人口现象是最使人迷惑的宏观与微观矛盾的现象,既有人口密度高的穷国,也有人口密度高的富国。人口增加,人口多归根结底不是好事。因为地球的资源有局限性,人口少些,精干些,素质高一些是合理的最好的社会结构。

富二代不愿
接班吗?

　　改革开放的目的是为了摆脱贫困落后面貌,可以说中国从城市到农村,从上到下都施展了八仙过海各显神通的本领。财富积累从八十年代的万元户,到现在的百万元户,内涵丰富而深刻。市场经济造就了无数稀罕的"万元户"和它的"富二代"。被推上接班地位的富二代愿不愿意接班,从一定的意义上说,财富在他们眼里、手里还需掂量掂量,财富并不是他们追求的唯一目标。当然富二代也不仅仅是指有家族企业的八○后、九○后,还有文艺界、名流界、官商界,及其他行业事业有背景的青年一代。

　　子承父业,按中国传统的理念,一般是指有技能的行业,比如木匠、中医、武术,甚至弹棉絮、石刻、剪纸、泥塑等等,父母言传身教。现在社会的变革和发展,大大拓展了人们的视野。创业、从业的门路和渠道无数,况且八○后、九○后一代青年,他们对社会的过去不是淡漠就是一片空白。他们在玩手机、电脑网络中得到更多的印象,就是现代社会的娱乐和繁荣。他们常拿代沟和老土来表示与父母一代的分歧和隔阂,还表现出叛逆思维和行为,使父母一代大为不解。父母一代辛辛苦苦闯出天下,子女却不领情。以至专家惊呼,我们现在有百分之九十五的富二代不愿接班。有的专家甚至参谋,最佳办法是生女儿选女婿接班。南京大学管理学院副院长毛宁语出惊人:"我认为民营企业家最大的竞争力是生育能力。"(引自 2010 年 9 月 25 日钱江晚报)我想他肯定是在有不少前提下说这种话的。否则一夫多妻不就如郎君愿了吗?专家说有百分之九十五的富二代不愿接班,原江苏省的副省长吴瑞林也这么说,并且还拿出一个典型,说江苏有个富二代不愿接班自砍手指。我想百分之九十五的数字是估计,我也只是引用。谁去统计调查出来的,我们也没必要去探究。但富二代这个群体单指家族企业来说,只能说是富二代中的一部分。这一部分是多少人?这倒可以推断。专家说未来 5—10 年,我国有 300 万家企业将进入接班换代,又说中国民企平均寿命非常短,只有三五年左右。这从

富二代不愿接班吗?

侧面我们可以看出,为什么有百分之九十五的富二代不愿接班。让富二代接过一个濒临倒闭的企业,他们愿意干吗?如果不是败家子,那需要很大的勇气,接这个班还不如我创业。如果只是个别民营企业出现富二代不愿接班的现象,那百分之九十五的结论我们也不必担心,民营企业做大了还是做小了、做没了,有它的客观规律。仅从年龄段上来分析,确实中国所有从改革开放中发展起来的民营企业,基本上都处在交接班的点上,长江后浪推前浪这是规律。首先我们对民营企业作个评估:一,民营企业做大后,越做越大你想歇都歇不下来。比如我们杭州的万向集团,当然鲁冠球有个儿子顶住了,强将手下无弱兵。有儿子、兄弟的这类企业接班不存在问题,像均瑶集团。民营企业越做越大,创业者功不可没,但个人的精力毕竟是有限的,一个大型的企业需要团队合作的精神和能力,需要有总裁、董事长下面一大帮杰出的人才和精英扶持。做大的局面就是这样,你无法把一辆隆隆向前的战车刹那停住。又比如杭州娃哈哈集团,宗庆后有个女儿,以后女儿不当董事长娃哈哈就会垮了吗?肯定不会。宗庆后也有一个集精英于一体的团队,一部马力强劲的机器有许多部件和螺丝拧在一起。因此像这一类大中型民营企业,我们尽可排除富二代不愿接班的忧虑。当然富二代中还有百里挑一的女婿,他们接班也大可赞赏。

富二代不愿接班吗?

二,民营企业越做越小了怎么办? 改革开放雨后春笋般生长出来的民营企业,若做不大,必定有多方面原因。因此民营企业越做越小,让它在竞争中自生自灭也无撼整个国民经济的大局。企业做小了做没了,自然又有创业的来继承、接班了,能者上,被淘汰的富二代我们也不必怜惜。何况许多富二代,他们摒弃父母没有知识的前生,他们需要充电,他们需要留学,他们更愿意自己去开辟新的天地或领域。像浙江义乌一带发家致富的老板,大多是勤劳致富的典型,现在他们千方百计地要把自己的子女送到高等学府或国外学习。因为社会的变革和发展,不仅仅需要勤劳的双手,而更需要有学问、知识和掌握高科技的人才,否则富二代不能接好班且会面临被淘汰的危机。三,民营企业既然能预测它只有三五年的寿命,那么又何必担心富二代不愿接班的现实呢? 富二代有父母创业的样板,也有父母留下的财富和资本,他们应当会有更好的前程。当然凡事都有个案个例,不争气的富二代,惹是生非的,游手好闲的,吃喝嫖赌的,如果让这类富二代去接班,我们又有什么理由放心呢? 民营企业私营企业做小了做没了,我们大可不必担忧,民、私企业越做越大了这倒是个必须研讨的问题。股份制、董事会相应出现,由于企业越做越大,甚至与国营垄断企业相抵触,或争夺市场和资源,影响到国计民生。面对两个体制不

富二代不愿接班吗?

同的大型企业,国家又该如何管理? 比如航空、电信、煤炭、石油、房地产等等。当然胳膊拧不过大腿。煤炭出了很多问题,房地产无序的竞争,已经引起了国家的关注。各类限购令是否有悖市场经济的客观规律? 从总量上看,中国民企私企千千万,从产值看民企私企 500 强也不抵国企二强。富二代愿不愿接班,很大程度上就是接受遗产问题,市场经济催生市场产业,在全局一盘棋面前,我们所有的八〇后、九〇后都是前辈事业的接班人。

第二篇
体制现象和改革

县官为什么
不如现管

社会有一个现象我们经常可以看到,某个地方的行政长官,要到下级或其他单位去视察或工作,他一般必定需要当地的官员陪同,并不是说他的人身安全有什么问题或受到威胁,最主要的是他这张脸能否被下级或地方单位的领导和群众认识。否则的话,门卫即使是个瘦弱的老头,他也可以两手撑腰喝问你干什么,尽管你坐一辆奥迪。你找谁?你贵干?是少不了的。因此谁陪同,什么车开道,就显得必要。领导如此,老百姓也得如此。假如你要去某个企业或机关,能找个在那个领域范围内熟知的面孔,你就处处方便多了。为什么?就像这篇文章的题目:县官不如现管!不过诸如这类找陪同或向导,还不是县官不如现管的本质问题,那还

只是**现象,现象**只是表面。举一个真实的例子:2010 年 10 月杭甬高速萧
山出口处,两辆红色的消防车被拦了下来,原因是救火回来必须缴纳通行
费。可消防车是执行任务的车辆,有明文规定免费通行。但拦者说,我们
执行的是我们的收费规定,硬是拦着不予放行。消防车就是没办法过卡,
无奈收费管理人员,他就是现管。当然要例举这样真实的现管实在太普
遍了。现管的实质就是表现在权力上。我们通常说官大一级压死人,官
场都有这个原则,叫下级服从上级,地方服从中央。这没有错。那么越级
能否服从呢? 当然更得服从。可是越级的官能否直接对下级发号施令
呢? 根据官的大小原则上是可以的吧! 但在通讯条件不发达的过去,你
得有凭据,比如圣旨、亲笔信或手令,当然现在有电话和专线。但是越级
发号施令,本身除了不太正常,也是对下一级不尊重的表现,在一定程度
上破坏了下级服从上级的规矩,一般不会那样做。对越级下来的政令,县
官(现管)除了应有的判断能力,他也可能履行现管的职责,我只对上级负
责(也叫顶头上司吧),除非我的上级已经让我知道他已免职,从推理上来
说,县官就不如现管,尽管这个县官是省里的官、部里的官。当然也有天
高皇帝远,将在外军令有所不受的。我就用一次"现管"的权力,或许你因
此丢官了,也许你还因此升官了皆有可能。但这种运转方式是一种旧体

县官为什么不如现管

制的延续，它因此带来的弊端也不少，比如官官相护，任人唯亲，下情不能如实上达，还有瞎指挥，更有甚者就是违反规则结党营私，搞小山头，把你搞掉，实行地方保护主义等种种现象。做官的通常把不做官的都称老百姓。其实你去遛街或旅游……在别人眼里都是人群中的一员，大家都是老百姓。就是做官的有一个符号或级别，你在上级面前也要摆正位置，不要让架子凸显与众不同。老百姓的利益有天大，其实也包含了各级官员本身的利益。可是由于旧体制延续的弊端，让我们的官员口头上的与实际上的行动往往脱节，他们往往会从衣着、行为、出行、口气（官腔）等等方面来表现与普通老百姓的不同点。而这种人在他们的上一级面前，往往又会比普通老百姓表现出更低声下气，尽管他们没有什么过错。上级也可能更喜欢这样的下级，除了体制弊端的客观因素，也是一种旧习惯势力的反映。因为我们这个社会仅仅离封建王朝才 100 多年。而封建王朝已有几千年的历史。人的感觉是很厉害的。由于社会长期以来所形成的习惯势力和影响，人们对国家及其管理国家事务的各级领导人，产生了敬仰和崇拜的心理。列宁摘录恩格斯的原话说："由于人们从小就习惯于认为全社会的公共事业和公共利益只能用旧的方法来处理和保护，即通过国家及其收入极多的官吏来处理和保护。这种崇拜就更容易生根。人们认

县官为什么不如现管

为,如果他们不再迷信世袭君主制而拥护民主共和制,那就已经是非常大
胆地向前迈进了一步。实际上国家无非是一个阶级镇压另一个阶级的机
器,这一点即使在民主共和制下也丝毫不比在君主制下差。国家最多也
不过是无产阶级在争取阶级统治的斗争胜利以后所继承下来的一个祸
害。胜利了的无产阶级也将同公社一样,不得不立即除去这个祸害的最
坏方面,直到在新的自由的社会条件下成长起来的一代能够把国家制度
这一整堆垃圾抛掉为止。"上面这一段引文可说是列宁和恩格斯两人的共
同观点。伟人虽然也有时代的局限性,但他们总是能把问题看得深远。
现在的人们如果把皇帝看成是玉皇大帝派到人间来的天子,他因此是圣
子,皇帝以下的全部凡人都受他的统治,简直是一桩笑话。可你能设身处
地想一想,封建时代的人们虔诚地忠于皇上,烧香拜佛绝不是像现代人那
样到灵隐寺去屈尊一下,是一种玩玩或信仰而已。我们的先人就是那样
认识和理解的。尽管我们现在的戏剧和电视剧里,掺杂进我们现代人的
不少行为和理念,表现出玩玩的情绪,也无法复原那时候天下老百姓对国
家及其个人崇拜的朴素心理。我国是从 1840 年开始进入半封建半殖民
地社会的。世界也由于自然科学上的伟大成就不断地启迪和戳穿封建王
朝那种愚昧无知,才使人们渐渐不再迷信世袭的君主制了,皇帝的圣口也

县官为什么不如现管

就是凡人的嘴。我们把宗教信仰也仅仅看做是自己的一种爱好和寄托，封建迷信不再真实可信。因此我们也常常用封建迷信这四个字来回敬社会那种不靠谱的人和事。虽然我们在世界观上已有一个大胆的进步，但仍然没有彻底消除和摆脱对国家和个人崇拜的心理。毛泽东离开我们也才三十多年，而对毛泽东留下那种朴素的感情和崇拜心理，我们并没有消失。至少在七〇前这一代人的心里，想起过去总有不少留恋。我们的八〇后、九〇后、〇〇后……与我们渐行渐远，这是改革开放的结果，还是历史的必然进程？马克思主义告诉我们：国家会随着阶级的废除而废除，国家的消亡也就是民主的消亡。国家的职能不再是炫耀暴力的机器，那个时候人们对国家及其个人崇拜也就自然消失了。不过这样的社会离我们还比较远。封建社会走了几千年，我们才走了一二百年。人在地球上是一个类，所以总有一天我们美好的理想会实现。炫耀国家的武力被弱化后，显示太空领域的科技才是人类共同的成就和欢呼！

县官不如现管的事实是大量存在的，凡有职权的人都存在可以利用的空间，就是司法公正的独立性也存在真正现管的空间。因为司法的人和官他不是生活在真空里，我们常怀疑权大还是法大，归根结底权要大于法。法是条文，权制定条文，法体现公正但权可以现管，当然权用歪了要受到法的制裁,可现管早已发生。如果权(即现管)用对了,纠正了法的滥用,(现管)权体现了法的正确意图,用权的人就叫现管吧。历史上的包拯就常常置皇法不顾,用现管纠错。尽管我们的法制建设日益在健全和完善,而公检法出现的腐败现象却是触目惊心的。我们的舆论和民主建设存在滞后的现象,体现在官和管的问题上,常常是混淆的。茅于轼教授说资源配置:人尽其才,物尽其用,说的是市场制度,是经济体制改革面临的根本问题。全国人大法委会副主任刘锡荣说:权力配置的垄断也是一种腐败,着实点到了官本位的要害。但是要解决权力配置的垄断,是经济体制改革中最困难的程序。为什么县官不如现管? 这里我也就点到为止吧。

城管为什么粗暴

　　城市需要管理，就像一个家庭也需要管理一样。水电气、广告、路灯、绿化等等，都需要有专人维修和管理。派出所维护一方治安，交警负责道路畅通，路政负责秩序，环卫清洁路面。城管可以都管，一般也专指管理小贩的经营活动。城市的街头巷尾经常可以看到围着一群人，多半就是城管执法发生了冲突，并且这种冲突还会演变成治安事件。在写这一节的时候，正好电视台在播放河南城管十几个人围殴一男一女两个马路设摊的小贩。(2010.10.23)地上一片狼藉，小贩躺在地上呻吟。郑州市公安局副局长杨玉章也赶到了现场。城管早已扬长而去。杨玉章表示要调查处理。执法者如何处理执法者，后事如何？不得而知。小贩在城市的缝隙中游荡和求生,几乎是城市都有的顽疾。为什么对在车流中和十字路口乞讨的妇女、小孩、老人,城管束手无策?交警说该由城管管,城管说应由交警管,结果大家都管不了,只有让社会变革的进程去慢慢解决它了。对小贩为什么可以执法?问题也是多方面的。小贩是弱势一方,他违反了城市管理条例,更多的还有社会因素,我们暂且不去议论。就城管一方,他的执法行为更多的是主观方面的原因。首先,他们的管理条例和处罚手段是否合理?管理条例是地方政府制定的,个别可能还是某个官员的意见。不同的管理理念和某个地方官员的管理水平,就会体现在制定不同的管理条例中。如果条例本身就存在不足或不合理的情节,那么管理不到位引起城管简单执法行为这是原因之一。还有关于处罚的手段宽和严,在管理一方往往悬殊很大。宽,可以教育处理。严,可以拘留、罚款、没收,并且罚款也高则过万,低则意思意思,让违法人员无所适从。特别像小贩,一个轻微的违法行为,城管往往就扣他的吃饭家伙,或罚他不能忍受的钱款。这种被打击的心理促使他逃避或抗法,使矛盾激化。其次城管执法者本人的素质也是一个因素。城管部门在招聘人员时对身高、年龄要求比较高,学历往往放宽。再加上对执法人员教育训导不够,使城管这支队伍在管理难度面前暴露先天不足。有的城管在认识到简单

城管为什么粗暴

执法易发冲突激化矛盾后,改用在小贩面前列队行注目礼。我看到这个方法安静文明又有效。小贩在注目礼下默默地收拾工具缓缓地离开,现场没有一声喧扰。杭州有个区城管甚至对屡教屡犯的个别小贩调查访问后,帮助其找到合适的安置地点,使小贩感激涕零。城管在执法方式方法上是大有讲究的。教育劝导,动口不动手,改强制执行为施行贴心服务并且给以力所能及的帮助,城管执法就不会形成马路上一拨一拨围观的景象了。即使再顽固的小贩,他也不可能先发制人、动手不动口。城管要知道打人不打脸的道理,你万万不可一脚踢翻他的锅或盆,或拿走他的电子秤等工具往自己的执法车上扔。这和打人的脸是一样的。要知道市场经济不是你能赶尽扫清的,留下一点遗憾也是一种无奈。城市不可能整理得一丝不苟,风吹叶落,城市管理就是不停地打扫和管理。上班一族,早出晚归,第二天的早晨又是一轮初升的太阳。保持好心情、好心态,每个人才会充满对生活和工作的耐心和热情,尤其干城管这项工作。

出租车应当走
市场经济的
营运模式

出租车是城市公交的补充和延续,它是人们工作和生活不可缺的一种出行方式。随着时代和社会的进步,出租车也逐渐兴旺和繁荣,从原来的人力黄包车发展到现在流行最新款的轿车。我在杭州开出租车15年,因此对出租车行业有一个比较清楚的认识和了解,下面主要以杭州出租车的经营模式和常态来进行阐述,希望能举一反三,对出租车行业的改革有一点帮助。

杭州是一个中等规模的省会城市,同时也是知名的风景旅游城市。杭州现有出租车8千多辆,这8千多辆出租车有三种存在方式:1.属于个体的出租车(即称私牌),从杭州出租车车门上的名字和顶灯上的名称,你可以辨别哪辆出租车是个体的。个体的出租车,一般都是 1995 年以前,从事个体运输服务发展和延续下来的经营户,杭州出租车实行经营权证以后,他们自然成为几辆车就是一个公司或一辆车就是一个老板的经营实体,杭州属于个体经营的出租车大约有两三千辆,占杭州出租车数量的三分之一左右。2.杭州从事运输业务的单位有大小货车、长途汽车和小汽车等等,同样在杭州出租车的门上印有他们单位的名称,在运输公司从事驾驶员工作的员工,他们拥有或买断他们单位的小车(即公牌挂靠),就成了出租车司机,车是个人的,但挂在公司名下,向公司缴纳一点管理费,营运收入则全都是自己的。3.自从杭州政府(大约在 2002 年左右)投放出租车不再允许个人买断以后,出租车全部由出租车公司投标经营,出租车公司拿到出租指标以后,出租车就成为公司的财产,出租车向外招聘驾驶员,驾驶员除了向公司缴纳一定的保证金外,开这个车必须向公司缴纳每天的班费,如果这个受聘的驾驶员承包了多辆车,再自己找其他司机为自己开车,他就成为该车的二老板。杭州出租车市场,还有某些快递公司的车也可从事载客业务。

出租车是个能赚现钱的行当,你几乎不用动脑筋,只要顺着马路开啊开,生意不必挑肥拣瘦一个接着一个做,然后到一个僻静的地方数钞票,整理一下零钱再喜滋滋地上路。我下岗以后拿到驾驶证的第一次上路，就是开出租车接客做生意。给老板开车虽然营运收入的大部分交了班费，一个月下来算算也有四五千的收入，比在供销社干强多了。当然开出租车两年以后就可以成为老手，熟门熟路，并且违章事故率也会愈来愈少。去年过了六十，运管不让开了，我也买了个二手车开"黄鱼车"了。杭州出租车现在基本上都是外地的新手，听说国外出租车司机都是老人多，为什么？无论从市场哪个角度看，老司机也是一种效益和财富。

随着改革开放的进程，杭州出租车市场也遇到了前所未有的困难和考验，主要表现有以下几种现状：1.路堵，出租车靠多拉快跑做生意。时间消耗在路堵中，以前每天能跑二三百公里（一个白班），现在一天跑不出150公里，对每天要交班费的司机来说，是一个很大的压力。为了能赚到钱会出现以下几种得不偿失的行为：比如开快车，开快车一方面心理上出了问题，另一方面事故违章率也会增加，一个月如有一次事故或违章就有可能入不敷出，现在马路上的监控时时刻刻在注视着你，再加上心理急躁与乘客纠纷多，运管打来电话让你几天做不好生意。2.燃油问题。燃油不断地涨虽然也是一个因素，但有政府补贴还好，主要是加油要排队，那就必须放弃几单生意，特别是加柴油的到处寻加油站排队。3.私家车日益增多,道路拥挤,公交车纳入城市优先通行和发展项目,地铁开通,政府鼓励免费公共自行车出行等等,使打的的一部分乘客从无形中慢慢流失,出租车司机感到生意越来越难做。越来越难做的间接后果就是出租车挑客宰客拼载的行为越来越多,严重影响出租车市场的声誉,使出租车行业陷入萎缩的困境。4.由于出租车生意不好做,使愿意从事出租车工作的年轻驾驶员愈来愈少,出租车发展碰到找人难的根本性问题。5.另一方面出租车的对立面,大量"黄鱼车"、残疾车、私家车从事营运,运管打击不力管理不到位(也许客观上存在管理难度),使城市出租车面临被淘汰的危险和窘迫。

以上是杭州出租车的现状和存在的问题,也是出租车行业出现的普遍现象。出租车要摆脱困境,就必须走市场经济的运营模式。现在实行的出租车营运权证的准入制度是最根本的问题,它是出租车计划经济和政府行政干预的结果。为什么要实行出租车经营权的准入?经营权证,在杭州最高拍卖价曾经到达三十多万元,一辆车才十几万元,并且出租车8年进入报废更换新车,使拥有出租车的老板和公司增加了运营成本。尽管出租车运营成本如此之高,在几年以前出租车还是有丰厚利润的。一般老板自己不开车,雇一个白班和一个夜班师傅,旱涝保收份子钱(一般白班交 260 元,夜班 180 元),每月会有 13 000 元的收入,因为出租车事故和违法罚款等等都由司机承担,老板仅对车子保养和几个月买个廉价的二手轮胎,实际支出不多。出租车连车带营运证达到 50 万元,一般四五年内收回成本,还是有赚头的。现在由于路堵等原因,老板很难雇到称职的司机和一再降低的份子钱,不得不自己亲自开车。杭州本地的年轻人几乎不再进入出租车的行业,家里都是独子独女的,开出租车不再是好行当,因此杭州出租车面临各方面形成的困境。出租车要走出困境,政府就应当考虑取消出租车经营权证的准入制度,打破垄断的局面,让更多的社会车辆进入出租车的行列。

那么这种垄断如何打破? 我的设想和意见是:1.现在正在营运的出租车都按不同的营运期限,政府给予经营权证的回购或补贴。2.招募社会车辆加入出租车行列(包括所有"黄鱼车"、黑车)。对加入出租车行列的社会车辆配备出租车应有的设备,比如顶灯计价器,是否统一着色可以考虑。3.降低对司机年龄和所谓服务资格证的要求(服务资格证是运管形式上的一个准入要求,实际上没有必要),有三年以上或 5 万公里以上的实际驾龄和经历应当可以了。运管对所有进入出租车营运的车辆进行管理,并与车主签订一个经营合同,用经营合同的条文规范和约束司机与乘客的行为。这样出租车在有序有效的管理下，队伍会大大扩展，在市场经济的大环境下，人们打的不再成为现在这个状态。我可以预期以下效果：1.从事出租车工作的驾驶员会有专业和业余的区别。专业的以开出租车为生，业余的可以双休日开出租车，也可以上班途中挂上顶灯带一单生意。2.老板领导有时间有机会开出租车，可以更广泛地接触社会，他们或许不以运营收入为主，他们的服务质量可能会更好。3.更多的私家车不用为养车的负担和成本而犯愁，出租车不安上顶灯仍可以是私家车，这种灵活更使他们心情愉快。我举一个例子：假如陈光标开一辆大奔，安上顶灯接了一个客，乘客下车时陈光标说我不收你钱了，乘客会大感惊讶，说自己今天运气真好谢谢。我们的厅长局长也偶尔开一次出租，老百姓知道今天坐了某某领导的车，会感到是一种幸福和真正的享受。

我想放开经营权证，出租车进入市场经济的大环境，一定会改变目前尴尬的困境。

以上仅仅是自己的一孔之见，政府集思广益，坚持改革开放的精神，我们杭州的出租车，我们中国的出租车一定会立足市场经济的大环境中，为社会主义建设和为人民服务作出应有的贡献。

经济改革

从价格着手

　　我们经常可以看到银行利用调整存贷款利率,来掌控金融市场的货币流通。计划经济时期,国家也常常利用价格作为杠杆来调节市场。作为一种手段,现在市场经济虽然起着自动调节的功能,但市场经济对这种手段的利用和调节往往还是有限的、局部的。我认为要使物价和价格在商品流通中真正达到利民利国,又利于搞好经济管理,国家必须深入改革社会价格及其结构,试行整价正价、低价廉价、有价无价之道路。当然这需要由国家来牵头,利用价格这个手段来引导市场经济走向更高的阶段。

　　首先谈谈为什么要整价正价? 我们知道价格混乱是不利于经济生

活,也不利于经营管理的。因此从方便经济生活和经营管理上来考虑,其实这也是现实生活的目标和方向,我们的产品首先应当从整价正价方面来体现商品的货币形态。从经济生活观点来说,整价正价更有利于人民生活和公平买卖。我们在市场上都有体会,许多商品标价是有零头的,几分几厘虽然不是个大数目,但因此双方买卖都十分不便。有的商品还必须东搭西派凑成售价(即整价正价)才得以成交。我认为商品有几分几厘的零头,生产厂家虽然是从计算它的成本和社会必要劳动时间来制定的,这当然无可非议。可是依几分几厘的得失来确定产品的价格,实际上也是做不到那么精确的。比如我现在缴纳的电费是每度 0.538 元,能得实惠的峰谷电也有 0.03 元和 0.10 元之区分。超市里也可能有意识地把商品标出 0.745 元、5.495 元、19.99 元……以示公平公正。倒是农贸市场,买卖双方嫌找零麻烦干脆几分几厘不是抹了就是摆摆手以示友好,如果谁要较真那还不动粗。实际上价格部门完全有理由指导产品生产单位或零售部门调整商品整价正价的货币形态,价格不是不可改动的。特别是在市场经济条件下,它可以有一定的灵活性。社会主义经济的根本目的是发展生产,保障供给,为方便和满足人民生活服务。况且绝大多数消费者并不会去计较,并且也无法过问某个产品在官方定价时,对几分几厘的制定缘

　　　　　　　　　　　　经济改革从价格着手

由。一般过问、投诉也多是在同类商品有对比之下或质量问题上，顾客才有意见的。比如像我缴纳的电费每度 0.538 元，你根本没法去比较和过问。现在有的厂家和商店，他们采用直接进货或直销，不仅仅是沾了批发这道便宜，还更在于在制定价格上更有利于整价正价，便利消费者，搞好经营管理及产生经济效益。作为一个社会主义企业对盈利和亏损的计较不在于几分几厘的得失，在看准大形势的市场经济下，在生产管理、成本核算中既要有微观经济的战术观点，又要有宏观经济的战略策划。

　　从经济管理上说，尽管我们现在有计算机的帮助，但整价正价更有利于我们经济核算和经营管理。总之我们的商店应该是品种多价目少，即同类品种和价格的统一性。如果归纳价格大同小异的同类产品，会影响到高耗高料成本的产品生产单位，其实这也是好事。优胜劣汰这也是市场经济的基本规律。在方便改进经济生活与经营管理上，还不在乎商品整价正价的方法。社会主义经济生活和经营管理的前途还要向商品的低价廉价、有价无价方向发展，才有向高级社会过渡的广阔前景。商品走低价廉价、有价无价方向应当是我们的战略经济观。

　　低价廉价这不是在商品低档、质次意义上说的。为什么我们有的商品在广告宣传中，特别强调价廉物美招徕顾客呢？因此这价廉不是质次,产品低档,也不是削价处理,而是在同类产品中成本低,又定价低的表现。

在认识和利用价值规律上,我们是用加法好还是减法好?从传统的经济观来看,我们工资加多少,社会上市场上就应当有多少资源和生产能力作底本,否则就要通货膨胀了。老百姓喊着要加工资,却不会去顾忌通货膨胀的危机。但有时候市场经济也需要一点通货膨胀的刺激,这需要决策机关把握尺度,因为工资加码不是甜了甜就完了。正像有经验的家庭妇女说,钞票要精用。这很通俗的意义告诉我们,工资增二成,物价涨一成,虽然也体现了生活水平的提高,但为何不可以物价不动(稳定),工资只增一成呢?又为何不可以物价减一成,工资不增呢?如果物价普减不就是工资普增了吗?不过以上见解纯属纸上谈兵,理论上是可行的,但现实是无法施行的。因为经济是个动态的市场,理论必须在动态中实行管理,只是我们的指导思想要有这个意识。比如现在的大米一般是3.00元左右一斤的价格,七十年代市场大米的价格是 0.13 元一斤,是现在价格的二十几分之一。七十年代我参加工作的月薪是 29 元,到 1999 年下岗也只有 543 元,按照比价(以大米的价格)我现在的月工资应在每月1 000 元左右,2010 年退休月工资的收入显示最后一行是 1 100 元。事实上我们现在

一般的打工族月工资也就在 1 500 元左右。我出租车行业具有熟练工和
风险的特点，所以安全行车的实际收入每月一般在 4 000 元左右(这是我
们杭州出租车司机的收入状况)。工资水平和七十年代的工资水平相比
较，因为物价的原因一般的打工族在三十年中并没有得到提高。但具有
熟练工种的打工族他们的实际收入大大提高了，而属公务员和白领阶层
的收入就无法比较了。收入差距的大小，只有从购车买房的现状去观
察。从某种意义上说，房价高，把有钱人的货币转换到原材料和服务类
的涨价中去，或者打工族报酬的提高，实际上也是一种市场调节。只是
炒房客的存在和旧社会资本家囤积大米，待估而抛没有什么区别。政
府的打压和调控，使他们增加投资成本和冒险后果，他们并不在乎，因
为他们的实际生活水平始终处在上游，或许投资带来的风险能做成一
桩更大的买卖，有时候政府出台更为严厉的紧缩政策，正是那一部分商
人和老板所希望的。

　　前面我讲到按大米的比价，现在一部分打工族生活水平并未提高。
但动态的市场经济让现在的月工资 1 500 元与昔日的月收入 29 元也不可
比拟。月工资 1 500 元除掉大米的开销，市场上有更多的改善生活质量的
选择。比如八十年代初，我出差去广州，花 10 元钱带回一只电子表。现

经济改革从价格着手

在这 10 元钱按照比价,换言之你还需要花现在三分之一的工资去买一只电子表吗? 动态的市场经济就是我们理解工资增加的基本意识。工资增加和物价数值的提高对我们演算的基本方法没有什么影响,比如三百万元一套住房和三万元一套住房,从算术角度理解没有增加困难。但我认为在认识和利用价值规律上,减法总比加法好。当然减法是以宏观经济角度去理解的。因为工资高、物价高,随之货币、铅币发行量也会增多增大,还有纸张、印刷、金属、数钞票、算账等等人力物力上的开支麻烦和浪费。特别是有些地方铅币紧张,买卖找零相当麻烦,甚至无法经营成交。因此在认识利用价值规律上,商品走低价廉价的道路会比使用加法有益得多。因此社会主义国家还应当从大力发展和改革公共福利事业的前途上,来实现商品走低价廉价、有价无价的道路。比如坐市内公交车不用掏钱,玩公园不用买票等等,真正体现"公共"的含义。当然只提一个公共汽车的问题就紧紧联系着汽车多少问题、道路宽狭问题、人口问题、社会风气问题、文化教育国民素质问题,还有交通管理问题等等,但这些都是社会主义进程中的综合问题,有一个克服、提高、发展、改进的过程。想当初公交车实行无人售票的措施还真让人担心,结果现在成了一种秩序和习惯。倒是公交车司机头上有一行醒目的警告:严禁司机用手接触钱币!

经济改革从价格着手

我有时候也莫名其妙地替公交公司担忧,每天投币箱里那么多零钱,杭州市又有几千辆公交车,他们是怎么把这些零钱整理和数出来的?还有经济核算、利税支出及财政补入?

作为"公共"这个真正附有社会向高级发展的含义,国家是否应当优先考虑让它发展成为全社会人民福利事业的一个个范例?可现在许多人民公园,道路通行,甚至公共厕所等,门卫、售票口严肃地向你伸出了要零钱的手。有时候贬低了"公共"的社会含义,也减低了人们出入自由的兴致,甚至还因收费衍生出许多矛盾和社会问题。举个例子,如果国家那么多博物馆还要买票进入,即使1元钱也不会有更多的游人或市民愿意进入参观。我想这也是政府最终决定免票的原因。既然政府不差钱为何这种决定不可以扩大范围呢?

对于价格走低价,降下来,调低,经济工作者都喜欢这样来实现经济目标,因为大多数经济学家都不赞同走高工资、高物价、高消费的路子。并且他们也早在议论了:"通过调整税率或销售价格,增加职工工资等办法,逐步减少补贴,而且要改进补贴方法等等,来改革我国目前许多不合理的经济现象。"(摘自:社会主义价格问题研究)

经济改革从价格着手

为什么价格
改革还要走
无价之路

　　银行利用利率，政府利用价格。因为这两种手段不是突然冒出来的
新生事物，它们存在市场经济中，但终有一个底线。顺着这个底线循序渐
进，或者循序渐退，在操作上没有困难没有风险。价格若按循序走整价正
价，低价廉价也是可操作的。价格在市场上也有一个底线，波动不可能很
大。比如燃油：国家发改委根据国际油价的逐渐走高或是逐渐走低来调
整一个阶段的国内油价。但为什么油价制定还是有几分几里的零头？最
近杭州有个的哥，出租车走杭徽高速 29 公里处下高速被收了 25 元过境
费，把高速收费站告上法庭。收费站按省里的文件执行，并且收费依据不
是四舍五入，而是二进五、七进十来整价正价收取的。就是按实际里程 12

元、17元他可以按15元、20元来收取。这似乎有点"小商人"气质,和老百姓较真。他何不按2退10,逢7退5来收取呢? 难怪《钱江晚报》披露温州苍南一个二级公路收费站有编制职工113人,一年收费1 000多万元,在编职工发工资占400多万元。公费收入成了地方政府的钱包。

价格走低价廉价肯定有个底线,比如粮油等关乎国计民生的商品,不能随意提价。奢侈品可以开出天价,有人攀比有人享受。你总不能让肉包子卖10元、100元一个? 富人再有钱,他也得一口一口吃,而且还不能吃得太多太好。那么经济改革从价格入手,为什么还要走无价之路呢? 价格走低价廉价,我们可以理解,无价不是谁都可以不劳而获了吗? 我说了价格在市场经济中有个底线,价格走低价廉价是循序渐进的,低到一定的程度,它就可以免费或者实行无价。比如安全套,它可以花低价购入,也可以免费获取。没有因此听说有人拿它贩卖或投机倒把的。还有什么免费体检,免费量血压、血糖或打预防针什么的,本来这些也是收费的,现在可以无价获得。再比如公交出行,游公园、博物馆……本来你也得花钱,现在你可以上下、出入自由。我们也没有听说某某地市公交免费乘坐,就会有其他地市县的市民赶去免费享受,某某地区的公园、景点免票入内,就会有大老远赶来的百姓成天泡在公园里不回家了呢。实际上这些无价的享受就是在低价廉价的预示下，演示出国家对公共福利事业的推进。这种推进随着国力的增强，还会有更多的领域得到开放。实际上这种免费享受本来都有价格支配的东西，西欧国家比我们走得更早更远。但是这种免费的出现，也许受市场经济的制约不可能一成不变。就像浙江义乌某个地方，老板自发办了个早餐免费享受点，民工们每天排队用餐喜不自禁。后来听说还不是老板个人的原因，是地方政府工商、卫生等部门的干预，才停止了这种免费的早餐。如果让财大气粗的政府来办，免费的领域和行业可以大大拓展。当然政府一个文件或通知，又可以改变收费或免费方式。从社会总的发展趋势看，经济改革从价格入手，最后走无价之路是一个战略方向。当然人们也担心钱和犯罪的关联，人不赚钱都可以生存了，我还赚钱干嘛？首先我们生活更趋向于生存质量，与公共福利事业的开拓不存在矛盾。免费或无价是人们在无意中和循序渐进的变化中逐步得到的。这有个很长的过程。不同时期的人们会适应和创造他们所能适应的生活环境。如果说免费和无价会引发犯罪行为，那恰恰相反，免费和无价使犯罪分子无利可图，还有什么罪可犯呢？所以先进社会制度下的免费和无价市场，是消灭犯罪的一个途径。当然犯罪行为是一个社会的阴暗面，它在不同的社会体制下，会出现不同的犯罪方式和方

为什么价格改革还要走无价之路

法。比如现在利用信用卡的犯罪和互联网的犯罪，是以前的社会所没有的。我们明白：由于社会主义还存在着商品和商品生产，因此货币仍旧在流通和在经济核算中占据着重要作用。尽管经济学家们都议论过社会主义货币必将消亡的前景。货币只是人们生活中的中介和代用品，货币本是为着方便人们谋生应运而生的等价物。在人类几千年的经济生活中，它起了桥梁作用。但是尽管电子货币、信用卡、纸币已取代了"羊""贝壳""铜钱"，而给人们带来了莫大的便利，可它从另一方面说，也带给我们经济生活中越来越多的麻烦，而不是方便。像设置只有自己掌握密码的信用卡，犯罪分子可以利用身份证复印件，就可以从银行获得你的信用卡透支或消费。有记者为此专访银行，银行认为在办理信用卡业务时，会要求柜台工作人员做到三亲见，即亲自见到本人、本人身份证原件及本人亲自签字。但是会有个别银行工作人员做不到三亲见，没有身份证原件，只要有身份证复印件也给办了。一般假的身份证需经公安部门专门辨识，如果实在做得很逼真的话也没办法。看！银行在逼真的身份证上无计可施，等于纵容犯罪，人们遭殃，这还能是方便吗？货币作为它的本质，只不过变换了形状而已。交换的本质它从便利人们买卖开始，相对地说也是麻烦的增加，衣食住行都离不开它，甚至犯罪等等也紧紧围绕着它。社会

为什么价格改革还要走无价之路

高智商的犯罪,在信用卡、互联网上屡屡大显身手。人们认为最安全的信用卡、电子钱包,却成为被作案的目标。还有什么最安全可靠的呢?当然享受免费和无价是最安全的。货币作为交换的本质,我们现在还是心有余而力不足的。一方面道高一尺魔高一丈,我们用更高的智商和犯罪分子较量,不断地打击他们,同时提高我们应有的防范意识。不过从货币改革和它走向消亡的前景,我们可以试图从以下几个方面为它的衰老、消亡创造条件:(1)大力推广,普及科技成果,更换设备,发展商品生产,使市场经济更加繁荣昌盛。(2)在认识利用经济规律中试行整价正价,低价廉价,有价无价之道路。让信用卡互联网、网购和电视购物更趋成熟和完备。(3)不断加强和改造国有企业、民营企业、个体企业的经营管理和生产关系,使社会主义经济改革不断提高到一个新的水平。(4)国家大力发展和完善公共福利事业,逐步开放,增设免费服务行业。(5)减少货币投放,即对奖金、补贴、工资等实行减免改革,并逐步改革银行职能。(6)普及高等教育。恩格斯说过:"人们在生产和交换时所处的条件,各个国家各不相同,而在每个国家里,各个时代又各不相同。因此政治经济学不可能对一切国家和一切历史时代都是一样的。"郭沫若在《科学的春天》中大声呼吁过:要异想天开。当今社会主义各国都有各国自己的走法,资本主义

为什么价格改革还要走无价之路

各国也有各国变化的道路。那么我国为何不可以独创自己的一条道路和方法来,在经济生活和经营管理上,让外国也学学我们有中国特色的社会主义呢?

翻看经济理论方面的书刊浩若大海,各持己见的经济学家,公说公有理,婆说婆有理。到底是谁的官大就是谁的理正,还是谁的理正谁的权利更大? 在这方面,我们社会主义国家应当比资本主义国家,有更多的优越性。

网店、网购和
电视购物

　　历史的一页翻过去了，十年一页或是百年一页，我们的生活又进入了一个新的篇章。伴随着互联网、电子信息时代的到来，网店网购和电视购物等正在改变我们的生活方式。在互联网上开店成了许多大学生谋生的一个选择和实践。连英国前首相夫人切丽·布莱尔也开出了网店，坐在家里拨动鼠标就有买卖。八零后一代青年非常乐于接受和热衷于这种交易方式。同时电话购物，外卖，送货上门服务，也使中老年朋友乐在其中。甚至连农贸市场打个电话买点小菜也有人送货到家，使不便出门的残疾人、老年人尤为欢迎。这些正在悄悄改变我们以前的生活方式，这也叫适应生活环境。我非常看好电视购物这个方式。经常看电视的观众都知道有个专门 24 小时滚动播出的电视购物节目。以前我们逛商场，走马观花，往往对一些新颖的商品视而不见，或许营业员小姐过分的主动和热情，使我们扫描过的商品不得不用摆摆手来表示离开。电视购物节目就不同了。我们坐在沙发里，看着销售人员反复地讲解和演示商品的性能和特点。比如一款不粘锅：销售人员不断地演示食物烹饪的全过程，通过比较它的性能和效果及优惠的价格让你不得不心动，打电话订购，况且货到验收付款，还有厂家承诺的三包条件。还有像豆浆机、拖把、电压力锅、收纳袋、足浴盆、水精灵、保暖内衣、茶具等等，如果不是在电视实况播放的感召下，在商店里我们不大可能体验。

我们真正享受到购物的乐趣还在于商品实实在在的实用性和观赏性。百货大楼的售货小姐尽管热情主动，但她无法为一个个光顾的客人演绎某个新产品的使用效果。一般顾客也只能要求看一眼说明书。电视购物让顾客犹如身临其境，并且面对千千万万的观众，还起到了承诺和担保的作用。网店、网购和电视购物成了我们生活内容的一部分。销售和购物方式的改变，正在影响我们传统的观念。历史翻开了我们生活的新篇章。在竞争面前，大超市、百货商场不得不趁节假日展开促销手段，用诸如满 400 减 350 或满 800 送 800 那样诱人的口号来吸引顾客。市民乘

网店、网购和电视购物

节假日去超市商场血拼,有时候大多也是趁购物兴趣玩商场,商场说是满400减350、满800送800其实也大多言过其实。实际上许多柜台各行其是,特别是对服装类的标价你根本不知道底价,拣个便宜往往只是满足了自己购物的心理欲望,等回家让它塞满家里所有的衣柜带来的快感。当然遇到救灾救难,捐献衣物清空场地也算是献了一份爱心。商场里人头涌动是一种气氛,花钱的乐趣兴奋也是一种生活的情趣吧!

网购和电视购物为什么能独辟蹊径,成为人们购物的一种方式? 不仅仅是我上面提到的那些优势,还在于厂家直接把产品推到顾客面前,省掉了许多中间环节,使产品在流通渠道中节省了不少费用。真正的出厂价,只有那个厂家的主管和销售部知道底线。创造二次利润的价格都是商家的经营行为。比如商家把158元都卖不出去的衣服再标上818元的价格反而售出去了。诸如此类价格欺诈,在市场经济中比比皆是。商场玩满400减350、满800送800的游戏,按常理是不可能的。像汽车销售也是如此:某某车型的出厂价只有汽车经销商知道底线,他才敢于在汽车销售的淡季,减价动辄三五万促销,在旺季则随意加价五万十万惜卖。还有像房子这样大宗的商品,似乎谁也摸不着它的底价。涨一涨是多少,减一减又是多少? 价格背离价值,价格跌宕起伏或者说大起大落,都不是正常的经济秩序。有人从中作梗，有人炒作，有人投机，有人渔利，有人跳楼……市场经济在局部范围内，这种下赌式的交易都可能存在和发生。

　　当然对价格和价值背离的现象，在商品交易中是一种愿买愿卖的关系，说白了宰你一刀是本事，愿挨一刀是无奈。还有一种关系也叫一种现象，是价格价值无法比对的社会价值。比如高尔夫球这玩意儿，首先占地几十公顷不说，一杆球，一个小洞洞，一张高尔夫球门票，几万元、几十万元一挥而去，人称贵族运动。还有踢球的、扣篮的、赌球的，钱在这种场合虽然有量的表现，但钱已没有价格价值可言。虽然钱是真钱，钱是活命的东西，但钱在此类运动中有两个特定的市场属性：一是在大款和老板之间发生，老板之间一掷千金，大手笔挥过来挥过去，钱却只在两个或几个账户之间转移，无法撼动市场经济。二是大款老板一掷千金都汇集到个人名下，这个球员或是拳手因此成为富豪，他也只是社会无数富翁中多了一个富人，也像一点水无法左右市场经济。因为我们知道整个社会钱的总量没有变。价格和价值的背离我们只能理解，理解也就像我们能够宽容和支持运动员们多拿奖金，买了彩票多得大奖，还有见义勇为者多受奖励等等。

　　绕过价格价值背离的现象和特征，我们大多数人还是生活在把钱如何分配在各个需要支出的项目中,精打细算略有节余是一种生活方式,拿明天的钱大大咧咧地享受今天也是一种生活态度。去商场血拼大包小包地搬回家是一种快乐,当然悄然兴起的网购、电视购物也是一种兴趣。拿个不恰当的比喻:旧社会街头卖梨膏糖围着一大群人,现在看电视购物频道肯定胜过围观梨膏糖。

你对银行比
公厕还多
怎么看

　　打出租车的乘客要找银行,在市区的马路边上银行比比皆是。不同名称的银行让你数也数不过来。但若乘客要找个公厕,连路况最熟悉的出租车司机也要好好想一想,不嫌路远的话就找加油站,那里有公厕还能停车。我没有去过国外,不知道那里银行多不多? 在中国,特别在杭州,我感觉银行现在是标志性建筑最多最多的"店"。不过银行那么多,外面看看没有动静,你若想进去缴个罚款,估计要排一个小时的队,谁也没有这个耐心,特别是出租车司机。但就有这么多急得像热锅上的蚂蚁,却又老老实实排队的市民。因为你即使到外面转悠半个小时回到那里,排队的人没有减少反而更长了,你不得不耐下心来,排队不会浪费时间。

　　三十年前我们知道只有两个银行。在中国的城镇一般是工商银行，在农村一般都由农业银行统管业务。我在一个县里工作，商业局所属的业务与工商银行挂钩，供销系统的业务和农业银行往来。大致上工业沾边的在工商银行，与农业搭界的在农业银行，就这么简单和明白。银行也是门庭冷落。现在银行如雨后春笋在各地冒出来。按照过去的印象，银行都姓公，或者姓国，私人哪有钱有资格开银行？如今银行遍地开花，银行如亲兄弟可又形同路人，就是各干各的，基本上互不相通，业务上即使有点联系，但互相推诿扯皮的事也常有发生。银行从外立面看，你无法分辨银行大小，楼层最高的不一定是支行或分行，从"相貌"看，银行大的不一定钱最多，能给你办事给你贷款的都是很有钱的银行。美国的银行破产引发了金融危机。中国会不会呢？常人无法想象，只有让行家、政府来回答。老百姓往往不明事理懂得少，可能讲话更直白，说现在银行比公厕还多，你怎么看？我没有什么顾虑，拿这个话题来胡说八道。银行很有钱怎么可能破产？你就不懂了。国外是私人银行，号称世界银行行长，他根本就管不了我们浙商银行。美国的私人银行发放贷款门槛低，人人都拿明天的钱今天用，做生意，搞项目，买房子，读书或旅游都轻轻松松从银行里拿钱。大概是贷款比较容易，放出的钱收不回来，银行因此破产。改革

　　　　　　　　你对银行比公厕还多怎么看

开放前我们的银行是国有的。改革开放伊始,没有哪个市民有抵押的资本。想起 1995 年我拿出租车向信用社抵押贷款五万元,给妻子买辆"面的",信用社主任以汽车是流动资产无法抵押而拒绝。可见启动资金在当时就是阻碍经济腾飞的关卡。人们只有从走私、逃漏税中拔"牛毛"来筹措启动本钱。现在银行如雨后春笋地耸立街头。银行姓公还是姓私? 仅凭外貌,"雄兔脚扑朔,雌兔眼迷离",外面的人还真难分辨。老百姓拿银行说事,外行说错了不会见笑。像我不炒股不懂股票,问出租车上的乘客:师傅您知道大非小非吗? 我还问:王总(我的一个老乘客)股市 A 股 B 股是什么意思? 现在我想问银行那么多,他们都是靠利息赚钱生存的,"一碗饭"本来两家银行可以吃得饱饱的,现在几十家、几百家银行分食,大家还能吃饱吗? 当然担心肯定是多余的。望着银行几十层楼房,我常常傻想,金库都在地下室,楼上那几百个窗户和房间是空置的还是都有人办公的,或是堆放文件和资料的? 如果是富余的,让我开旅馆赚钱多好。师傅,您去银行的楼层瞧过吗? 想来楼下的营业员也未必上去过。银行的高楼,本身就是一幢立体的广告。我这么猜。

在中国,国情肯定有别于外国。中国的国有银行就是企业行为,也是事业编制。企业行为可以多赚钱,多发奖金,多发工资,事业编制就是靠山。破产哪有个人之虑。无非就是企业脱离了公务员编制,企业比公务员更有钱不好吗?改革引出的双重身份在我国是一个普遍的现象,也是国外银行和我们银行的一个性质的区别。国有银行主导金融市场,掌握货币发行权、汇率制定权、利率升降权,还有关乎国计民生大型特大型项目的评审权,因此可以肯定地说,中国不会出现像美国那样银行破产的事。而对于像雨后春笋般冒出来的民营银行股份制银行,应该说是中国金融市场的补充。改革开放发展民营企业个私企业,他们分担了职责和义务,所有股份制银行和民营银行,他们各自扶植和管理自己行内的业务,在赚钱为目的主导思想下,他们更灵活和更高效地监管企业的市场运作。万一投资或企业发生危机、破产,民营或股份制银行的损失在全国的金融市场上就如小溪、小潭、小河的干枯,无妨整个大局。如果诸如雷曼兄弟那样的民营股份制银行破产了,有人跳楼了,在中国兴不起金融风暴。民营股份制银行,本来也是随着中国无数中小型个私民营企业的发展,而滋生出来的金融老板,他们也必然与民营私营企业的兴衰而息息相关。哪一天民营私营企业真的萎缩了,他们的历史使命和责任也将完成了。这就是市场经济催生下雨后春笋般冒出来的民营银行。只要有粗浅的经济学知识,我们都知道银行玩钱生钱不仅仅是赚利息的钱,它实实在

　　　　　　　你对银行比公厕还多怎么看

在地开拓和帮助了企业或个人的生产和经营,它通过资金的运作为社会增加了商品和财富。诸如其他把钱捣腾来捣腾去,都是输家和赢家玩的游戏而已,对整个社会而言,只要没有假币和新的货币印刷出来,如果说黄金是银行、市场的硬通货,黄金等于货币或购买力,这倒是值得商榷的,黄金如果作为一种贵金属熔融在某个商品中,它的价值才是真实的体现。如果让黄金像货币一样保值,并且有诱人的升值空间,这肯定是有条件的。黄金之所以能够成为货币的硬通货,首先是它属于稀有贵金属,来之不易。如果黄金要像货币一样流通,那却非易。你不能拿黄金去购买商品,人家得认可你的黄金是真金、足金还是赤金,需要验证和换算,这一般要有专门的技术和部门来实行,因此黄金不可能像货币一样在市场随意流通。当然银行是黄金的归属地,银行认可它。但你也不可能拿出成吨的黄金,来盘空银行的货币储备。银行拿了你成吨的黄金,它也不可能当货币一样放贷和作为资金交流,银行必须拿你成吨的黄金去别的银行换成真币,如果别的银行不愿意兑换或无力兑换,那么你成吨成堆的黄金就只有贵金属的属性。货币之所以能够被人们接受成为等价交换的中介,正像茅于轼说的:你在使用纸币的时候已经肯定别人同样能接受它。茅于轼还说:"纸币优于贵金属的另一个重要原因是贵金属本身具有价值,将它用于流通中的支付手段是积压了资金，损失了利息。或者说，一个国家如果用贵金属作为货币，就要有一大批劳动力和资金用来生产黄金以供流通之需。而纸币的生产容易得多，大量用于生产黄金的劳动和资金可以节省。管理得好的话，纸币是一种更为优越的货币。当今世界上已没有一个国家继续使用贵金属为货币了。"以上是茅教授，打个比喻吧，专业运动员的水平和术语。我作为业余运动员再补充一些行外的话：假如你发现或拥有一处有大量黄金的矿藏，再说白一点，你一镐下去就能拥有沉甸甸的黄金，你将是世界上最有钱的人。不过在你面前还有一台印钞机，你需要多少就可以印出多少来，并绝对是能从验钞机那里通过验证的真币。这样硬通货的黄金和可以使用的货币，你可能不假思索地选择印钞机。为什么？因为黄金虽是保值升值的硬通货，可以从银行里兑换成货币，但使用起来有许多限制和条件，肯定不现实。对了，黄金因为稀有，个人肯定只有几盎司，形不成对银行的压力。但你说的印钞机也不可能个人拥有啊，对了。业余运动员就可以这么说这么比拟：首先我认为做个印钞机确实有许多高科技，个人很难把它研制出来，所以市面上发现的都是假币，都有蛛丝马迹的破绽。

但是，你有没有想过，高仿真的假币在验钞机上一声不吭地通过了，你还认为它是假币吗？属假性质的真币自然就没有案例了。对了你马上纠正我，这不可能啊。为什么不可能呢？中国人民银行的印钞机当然不是什么人可以仿制的，但你为什么要不断地改版呢？说明别人正在仿制和研发，达到以假乱真的水平了。对外行人来说隔行如隔山，印钞机的任何一道工序都是无法仿制的。但对专业行内人来说，关键工序就是一层薄纸，假币在验钞机上露出某一个破绽，就说明这一层纸还有问题。因此我们也不能断定市场没有假币在流通。再说高科技也是人创造和掌握的玩意。核能、克隆……总算高科技了吧，现在朝鲜、伊朗……都成功拥有核武器、核技术。他们靠你的泄密得来的吗？"多利"算什么？人家在暗地里克隆男人和女人呢，你就不信吗？当然人类有共识，不用担心。但对于印钞票，这还算得上顶级的高科技吗？当然业余运动员还有话说：印钞票是违法行为，很大程度上说是个人犯罪，不会是国家行为，形不成气候。我们可以这样理解：美国虽然因金融危机很差钱，它也不可能用自己的高科技来研制中国的人民币，同样中国人民银行也不会搞出能印刷美元的机器来。可以排除国家之间的嫌疑。业余运动员还有话说：能印出假币以假乱真的犯罪嫌疑人他不可能发展生产，扩大规模，把大量钞票向局外人发行，除了老婆子女，他们没有必要按比例贩卖真的假币而冒杀头坐牢

你对银行比公厕还多怎么看

的风险。当然能过验钞机的假币再多,充其量也是一个 6+1 的最大奖,那又咋的,何况天网恢恢疏而不漏。现在你可以认同我的观点,你守着一个黄金的矿洞,或者说用黄金垒成的银行,它根本无法与一台印钞机媲美。不过业余运动员还有补充:假如你拥有了一台印钞机,成了比尔·盖茨、李嘉诚,你是否会做期货、炒股,或者到处购置房地产?当然你有能力,那也很不安全,况且你也不可能把大米、蔬菜等在市场上垄断了,即使你有财力制定一个蔬菜的天价,老百姓也不担心,一个月就能生长周转的东西,你把它囤积了你会干吗?显然有了印钞机,你也不会做傻事。比尔·盖茨、巴菲特、陈光标……他们那么有钱是真钱都裸捐了,你还不半裸吗?业余运动员还可以语出惊人:黄金又不能当饭吃。假如我们移民到一个星球上去,那里遍地是黄金,连种几棵蔬菜的地方都没有,那还不真的困死了。当然现在有钱人把货币换成黄金,一公斤、五公斤地搬回家去,那毕竟是屈指可数。黄金商场有的是货。黄金与货币交易对老百姓生活没有丝毫影响,倒是货币和房产结合,把地价、房价炒高了,让真正需要房子的老百姓吃苦了。国家看在眼里,也急在心上。行政干预银行帮忙,市场经济又遭人为操控,是弊是利?但市场经济不排斥只要是真币在房子中捣腾来捣腾去的行为,就像体积很小的黄金倒过来倒过去，谁也无法阻止。输家、赢家，只要别把大米、蔬菜搞上去，老百姓从他们交易的泡沫中赚点辛苦钱也是会有的。

黄金不能当饭吃，钞票也不能当饭吃。这不是什么仇富心理作祟。我们要发展生产，让丰富多彩的商品到处充裕我们的市场和社会，让货币在我们的生活中慢慢退化变质，让银行不再是它们寄居的地方，让印钞机和验钞机不再困扰我们的心理防线，这是我们社会生活的终极目标和方向。随着电子货币的升级和普及，纸质的货币也正在退化，但作为交换的本质，它们仍旧在影响我们的生活。

再回头谈谈银行比公厕还多你怎么看？有一句话叫仁者见仁智者见智，不过我还是傻帽一个，我从不炒股也从来不在银行存款，因为我和很多人一样，赚钱仅够吃够用，没有更多的余钱涉足股市和银行。听说经济学家们也不炒股，所以我觉得股市能赚钱或输钱对我没有影响，银行因为要缴纳罚款和领取养老金等，我必须和它发生关系，也属无奈。银行对我来说好像就是原来单位里的财务科，怪不得老百姓在银行里人头攒动，哪有什么大买卖？只不过人们都在出纳、会计那里报销、缴费和领工资。银行比公厕还多你怎么看？公厕是人们自然需要进入的地方，银行不是逼着我进去的话，我想社会没有银行，我也可以快乐地生活，还有股市浑身上下和我不沾边。

环境和社会

　　人的一生在历史和生活的长河中实在太短暂了。改革开放三十年前的中国,社会和环境、制度和经济都是现在无法比拟的。中国是从半封建半殖民地性质进入到社会主义的。客观地说,旧社会留给我们的痕迹五十年前还清晰可见。根据考古发掘的依据来看,杭州南宋的御街在今天的地面以下2米处发现,南宋历经150年的风风雨雨,尘土、瓦砾、泥沙堆积了大约0.5米到达元代层,元代历经风雨冲刷堆积又达0.5米左右到达明朝,明朝历经200多年的由盛到衰,瓦砾、泥土、风沙又堆积了0.5米左右到达清朝,清朝遗迹在杭州城建的开发中就被发现在地表下面,这是一个以杭州城市为代表的历经千年的文化沉淀。但在我的印象中,杭州城内最高的建筑,是今天解放路解百斜对面现在还在的大楼(以前可能是消防大楼),但也仅仅六层楼高。因此,绝大多数平民建筑和1 000 年以前应该没有多大变化,山还是那座山,路还是那条路。近千年来兵荒马乱,不断地建设和破坏,破坏了又建设,社会环境从整体上来说,千百年来面貌差不多,尽管改朝换代历经千年,我们站在每个历史阶段来看社会环境,应该说没有多大改观。所有建筑都是砖木结构,即使明清少量建筑还有遗存,绝大部分地面建筑都埋在地下,一层层堆积,仅仅才50 年,我们眼中的社会环境发生了翻天覆地的变化。我们认知的环境一般就是指城市农村当前的面貌。当然,如果中华人民共和国到成立200 周年、500 周年的时候,现在我们所看到的钢筋水泥结构的大厦和房屋,再经过几次重拆重建,那么这样的堆积会超过历代历史的痕迹,那又是一个新的社会环境。这是表象也是我们眼睛所能看到的社会与环境。当然我们要透过表象看实质,考古的事有专门的科研机构,就谈谈我们所能触及的社会与环境,最新潮的社会与环境。我们已生活在这日新月异的社会与环境中,我们会有哪些慨和慷。

　　十一届三中全会,党中央果断采取了停止阶级斗争的口号和运动,让社会和环境适应新的形势,改革开放才取得今天的伟大成就,我们八〇后的一代青年就浸泡在现在的社会与环境中，三十年以前的社会与环境、制度和经济就需要从学校、回忆、父母及各种展览中去一点一点积累和认识。

关于社会与环境对人们的关系，十九世纪普列汉诺夫与他的论敌爱尔维修就展开过激烈的争论。以爱尔维修为代表的学派，以人类的物质需要来解释人类的社会和智慧的发展。普列汉诺夫指出，这个尝试没有成功，而且由于许多原因亦不能不失败。在意见和环境之间存在着无疑的互相作用。但是科学研究不能停留在承认这个互相作用上，因为互相作用远不能给我们解释社会现象。为着理解人类的历史，也就是说，一方面人类意见的历史，另一方面人类在其发展上所经历的那些社会关系的历史，应该要超越于互相作用的观点之上，如果可能的话，应该发现那决定社会环境发展和意见发展的因素。普列汉诺夫在《论一元论历史观之发展》这本书中，对意见和环境之间存在着无疑的互相作用，发表了整整数万言的解说。

不过现代化建设中的社会，又给社会和环境增添了不少问题和新的内容。环境污染影响社会成了当务之急。到底是物质的因素，还是意见的因素，我们都为这个古老的命题而迷惑。环境与社会，世界上由于各个国家的社会制度不同，适用法规不同，经济水准不同，风俗习惯不同，所以

　　　　　　　　　　　　　　　　　　　　环境和社会

环境对人们的影响也不同。尽管各国之间现实的社会与环境都有不同的适应性，但作为人类共同生存的要求，对地球、大气和宇宙空间的环境，使人们站到了一个新的角度和制高点，更大的社会和生存环境摆到了我们面前。不过这样的题目太大了，我的笔下无法触及，我们还是具体聊聊环境和社会。

人们为着基本的生活，就得适应环境，不会适应环境就不会有好的处境。比如在一个信奉宗教的国家里，绝大多数人们都搞宗教活动，都有这个信仰，如果个别人不去参加活动或没有这个信仰，那么他就可能不适应这个环境，因而生活会遇到麻烦，人际交流会存在障碍。比如我们现在大多不搞封建迷信，八〇后、九〇后年轻一代还要去复古，那你就可能是另类。现在，社会进入互联网时代，人们都玩电脑，如果你不玩手机不上网也可能就成另类。现在都以赚钱为目的的生存要求，如果你不想方设法去赚钱，你就可能被社会和环境所抛弃。同样，一个城市的居民到乡下去生活或做客，或乡下的农民到城市里去打工或做客，他也得适应新的环境，不然的话就会不习惯或里外不舒服。又比如在街头捡垃圾为生的人，他也适应了找垃圾以及怎样以垃圾换钱来维特生活的环境和要求，不然的话他就要饿死，抛弃生存的权利。再有，生活在法制约束的社会，公民都必须在遵法守纪的环境中规范自己的行为,不然的话就要付出代价或者被抓起来强迫适应改造的环境。当然上面列举的适应环境,都是以生活的角度来例示的。马克思主义要求从阶级斗争的角度去理解,我们才可以正确地解释环境与社会对人们的关系。我们社会主义制度下创造的环境,使每个公民都能自由而有约束地适应环境,都是为了团结一致建设社会主义社会,改变落后面貌,创造更新式、舒适的环境。因此马克思主义唯物辩证法认为,人们受环境影响,但完全可以改变环境影响。这两个互相作用对我们来说,受环境影响是形式的静止,而人们的意识改变环境的影响,却是主动的斗争的发展的。但是为了保护环境,我们也许谨小慎微,会做一些事与愿违的事。比如南水北调,大规模地拦河筑坝,围海造地等等,再具体一点说,为了保护水资源,禁止到江河湖海去游泳。杭州有钱塘江、西湖和运河,可你去看看,偌大一个钱塘江两岸,砌成长长的堤坝,任何人无法下得去,警示标语告诫人们,江水汹涌下堤有生命危险。西湖除了有人跳湖你去救人可以下去,此外是不允许任何人去亲密接触的。杭州市区还有一条贴沙河,每到炎炎夏日,总有不少市民不顾禁令跳入河中,当然市政府颁布禁令是为了保护水资源,其实对水资源造成污染或危害的主要是某些工业和化学污染物,人体是不会造成污染的。人在水中游，鱼儿在你身上啄，是多么亲密的环境关系。人和水的接触是千万年来的自然现象，可是现在有不少人没有水性，生命在小水塘中挣扎，然后无奈地结束，如果要救人或打仗入水的话，那只能眼睁睁地牺牲。

对于社会和环境的关系，人们大多特别注重现实，所以总是战略的眼光少，战术的眼光多。比如搞农田水利基本建设，育苗造林，城镇建设，道路规划，计划生育等都属于战略的眼光。什么是战术的眼光？比如每天生活要买菜做饭，要花钱买必需品，要把当天的工作或任务完成，要开好今天的会议，计划最近要做的事等等。战略是从长远的利益，从大局的范围来考虑着想的。战术一般都是从目前利益和局部的范围来着眼的，战术的东西是从战略里来的。但是有些战略也同时是战术的问题。总的说来战略是信心，战术是决心。战略建立信心，战术要下定决心，战术的决心也是从战略的信心里来的。战术的东西我们每天都围绕着它，人们想远的少，想近的现实的多，因此有些人的眼睛常常"近视"，为眼前的亏本、付出、垫底和既得利益斤斤计较，这对一般人是可以理解的，但对领导和决策机关就不可容忍。为着解释环境与社会这两个互相作用的社会现象，也有人指出应该以教育的普及来理解环境与社会的作用。社会的进步和发展，确实要普及教育，实际上教育在自然科学的最新成果中就客观地在普及。自然科学的成果应用在生产和劳动中,于是一般的工人、农民在操作使用机械与仪器和应用商品的过程中,就被动接受了教育普及,从而提高了人们的理解能力和认识水平。商品的生产和使用过程代替了不少学校课本和实验室的教学。自然科学的成果和不断改进的生产水平,融入在换代改良的商品中,以至感到现在小学五年级的课本,我们七十年代的中学生根本无法接受和辅导小孩完成家庭作业。一切过去的谬误和低级荒诞的东西在自然科学的成果面前再也无法遮蔽、伪装了。自然科学的巨大成就把千百年来沉睡的地球唤醒了。地球在人类的改造下,使曾经让人类饱经沧桑的大地正在日益成为人们享乐的园地。但是,园地也很容易成为温室。十八世纪达尔文的坚定追随者赫胥黎就忠告过我们,园地很容易成为温室,虽然赫胥黎也只是站在生物进化论角度上而言的。由于知识领域的扩大和社会生产力的不断提高,人们享受生活待遇的条件也越来越好,因为是园地,温室效应使人们对细微病菌的抵抗力也越来越弱了。像一部精密的仪器和机械,它虽有高性能的工作效力,但也经不起轻微的碰撞或零部件的差错。现在的人类比起露天生活的祖先,具体一点说,我们现在的孩子再没有先辈具有的硬骨头精神。假如现在没有先进的医疗卫生条件,不知会有多少人病倒在野外和风雨中。但从

环境和社会

另一个方面说，人类社会的进步和发展，战胜和适应了大自然的恶劣环境，人类战胜灾害和病菌侵入的能力大大加强了。从这个意义上说人类创造了环境，人类平均寿命的大大延长就证明了我们对社会和环境创造和适应的能力大大增强了。我们留恋以前的环境，空气多么清新，河水多么纯净，自然生态多么优美，这也只能说是一种表象的认识。我们现在能测定城市空气的洁净指数，我们能把绿化和花花草草装点在我们所有的街头巷尾、房前屋后，我们能优化提纯自然界的水……这些比起我们留恋大自然的美，工业化以前的空气，山沟小溪里的潺潺流水不是有更多的可塑性吗？局部的环境污染，正是人类意识的作用在发生和改造。因此我们可以宽慰地说，古人、先人并没有比我们享受更多更优越的自然环境，只是我们现代的人类更为敏感了，一会儿说地球变暖了，一会儿又说地球变冷了，而且都是从专家嘴里说出来的。科学家们的观点不同各有说辞，你说五十年一遇，我说千年变一回，也有的说气候几万年、几百万年一个周期，可能谁都没有错。人都得好好地活着，普列汉诺夫、爱尔维修之间的争论也许还得继续。为着意见和环境的互相作用，我们一代又一代地进行着不懈的努力和适应，就是为着我们美好的未来。人类一定是最后的赢家！

环境和社会

怎么让道德规则
到达市场规则的
高级阶段

　　我们根据常识知道,生物界都有一个生存规则,生存规则也可说是道德规则的一部分。因为人类和哺乳动物都遵循生存规则的要求。比如不能近亲通婚,母爱父爱,虎毒不食子,认得亲缘关系的同胞或远亲近邻,还有由亲族或氏族形成的团队、集体,武力对外不向内等等,这些生存规则一般不需要调教,也许是本能吧。因为是规则是纪律是共同承认和必须履行的行为准则,所以一个种群,一个类的共同体才得以适应环境,繁衍生息,世代相袭。但规则也会遭到侵害和腐蚀,也有违背反叛的现象,动物界和人类都有很多案例,但这种生存规则不会因此削弱和破坏。人类虽然早已脱离了动物界,但人和动物的共性及生存规则没有因此改变,只不过人类多了一个道德规则。道德规则从原始社会进入人类阶级社会以后，逐步发展和衍生出来。各种法规法则被制定出来，人虽然是一个类，除了履行生存规则外，还因为有了阶级，在人类中形成了不同的意见和观点。为了使另一方屈服或俯首称臣就诉诸武力，或为了使武力达到更强更大，各方都制定了相应的规则，即各种法律法规。当然统治阶级制定的各种法律法规都是为着本阶级的利益，现在可以说是本国的利益。当然本国的利益就是本国人民共同的利益。谁要是违反或破坏了法律法规制定的行为准则，就要引发冲突和战争。不过这与道德规则远了点，道德规则与政治不搭界。道德规则就在我们的生活中，作为行为和处事的一种方式方法在人类中有共性和共同点。由于民族或地区风俗习惯的不同，道德规则也会有不同的体现和表述。比如西方国家遵守左侧行车的避让规则。我们曾经崇尚三从四德，现在又对雷锋精神另有解读等等，说到底道德规则也是人们经济活动和经济生活中的行为准则。人的一生都处在经济活动和经济生活中，各种错误和犯罪行为都有法律法规约束。其实道德规则和生存规则一样不需要特殊的调教，在经济活动和经济生活中，会出现形形色色的错误和犯罪，当事人都可以感觉到自己的行为是否触犯法律法规。我们的律师和法官也没有什么高明之处，他们也是普普通

怎么让道德规则到达市场规则的高级阶段

通的凡人，他们根本不需要把成千上万条法律法规去死背硬记，他们只需将你的错误和犯罪行为，从分别归类划定的法律法规中检出适用你的那一条那一款。为什么可以如此轻而易举？就是道德规则在人类活动中都有一种不成文的行为准则，判断是非。损人利己、侵犯他人和公共利益，甚至杀人越货、偷盗抢拐等等都是道德规则约束以外的行为，道德规则任何时候都不会教唆你去犯事。律师和法官是道德规则的维护者，难就难在剖析案例，制定预防和改进各种经济活动、经济生活中容易犯事的因素及社会问题。

现在我可以试图切入正题和读者共同探索，怎么让道德规则到达市场规则的高级阶段。当然还有一个前提，我们不再把阶级斗争的理论和学说搬进来，我前面也说了道德规则与政治不搭界。因为我们已不再把台湾那边称为敌人，我们这里也没有地主、富农、历史反革命的人了。中国人民是各民族人民的共同称呼，中华民族都在一个屋檐下生存和生活。当我们讨论怎么让道德规则到达市场规则的高级阶段时，这本身就说明了我们已在和谐的经济生活中以及在和谐的经济生活中应怎样去适应更宽松更舒适更完美的市场经济。实际上，怎么让道德规则到达市场规则的高级阶段，是茅于轼教授在他的《生活中的经济学》一书中提出来的。

眼下改革开放后的中国,市场繁荣,建设蒸蒸日上,市场经济已形成全国一盘棋。市场经济焕发了我们的活力,但同时也反映出不少问题,就如我书中开列的许多标题所反映的现象。经济现象和问题不是短时期内就可以解决的,在道德规则到达市场规则的高级阶段中,我们本着探索的精神提出问题和意见,这是一个过程。市场规则的高级阶段是一种什么样的市场经济? 我们很早就被告知:社会主义是共产主义的初级阶段,社会主义初级阶段是一个很长的历史时期。即使最伟大的学者也不能确定这个很长的历史时期是多少年,可是我们现在却在讨论怎么让道德规则到达市场规则的高级阶段,要是在三十年前,我们不可能碰触到这样的题目。看来社会的变化和历史的进程比我们想象的要快,因为现实已让我们碰触到了这个题目。市场经济在繁荣兴旺的社会形势下,我们必须让道德规则介入市场规则。市场规则的高级阶段也应当是从它的初中级阶段中慢慢孕育成熟起来的。为了适应市场经济的发展,我们已制定了很多法律法规,但仅靠法律法规还制约不了很多违规违法经济问题的出现。改革开放三十年已到了一个转折点。什么是道德规则? 道德规则如何培育和规范? 我们先举几个实例来看看:以前我们乘公交车,习惯上是争先恐后挤着往上冲。公交车售票员肩挂钱袋票夹,在车厢中从前往后挨个问站售票,让人回想起来简直不可思议,要找零钱的同时还得观察抓住逃票的。公交车后门下车的夹着衣服或包,前面拉着门沿攀附着的乘客还没上去,处处险象环生。这样的情景在城市的街道中时时发生。如今公交站台有再多的人,大家都有秩序地挨个前上后下,并且无人售票,谁也不会违反规则。要是没带零钱,谁也不会在意你有故意逃票的嫌疑,司机不会揪住你不饶,乘客也许还会友好地给你刷卡付费。形成这样的社会风气也就是我们现在提倡的道德规则。还有到银行、医院、机关、行政中心去办事,人们也都自觉地取号排队,没有人愿意去违反规则。这些都是在市场经济活动中慢慢形成的道德规则。此外保持街道、公共场所整洁,人们不再随便乱扔瓜皮果壳、随意破坏公共设施等等,这种社会风气和良好习惯形成的道德规则,没有具体的法律法规约束。我想这就是道德规则已开始进入市场规则。开放式的商场和购物超市,更需要这样的道德规则。人们的行为准则有道德规则这条无形的警戒线,我们可以认为道德规则已进入了市场规则的初级阶段,但我们都期望道德规则到达市场规则的高级阶段。茅教授提出市场规则的高级阶段,那什么是市场规则的高级阶段?我们不难理解,就是经济活动和经济改革中出现的体制和腐败问题,按照市场规则的要求,公务员要想着为人民服务,不能贪赃枉法。

国家怎么不让有钱的人有势仗势,又怎么不让有势的人以权谋私弄钱。如果谁都想着有权有势,有势谋权谋钱,就必定违反市场规则。反腐倡廉不靠喊口号和教条主义,而要用市场规则来约束和启迪人们的道德意识。比如排队按秩序来规范行为,其实这就是节约了时间,提高了经济效益。人们都认可这样对大家都有利可图的道德规则和社会风气。

第三篇
生活与快乐经济学

谁是经济学家

中国的方块字有时候就需要咬文嚼字来理解。谁是经济学家的"家"？我们听着、看着司空见惯。"家"在考古意义上是指屋檐下养着猪，是一个原始人蜗居的地方，"家"从象形文字演化而来成为中国最早使用的文字。从语法角度理解，家是定义词，在一个领域或某个专业方面有突出的成就或具有权威性地位的人物，他就可以称为"家"，比如政治家、科学家、某某专家。谁是经济学家？这个"家"我们就有必要咬文嚼字来理解。冠名经济学家的人物不胜枚举，因为经济学家不像"院士"、"教授"那样的头衔，需要通过一定的权威部门的筛选和认定。我们从广播里、报纸上时时可以看到、听到某某经济学家，有些还标注著名经济学家。名不见经传的人物,我们根本不知道他出自何地,也不知道经济学家这个冠名是谁封的,是记者是媒体还是某个部门?我们知道教授是职称也是老师的别称,教授是教师的最高职称。教授也有级别:有一级,二级……还有副教授,在名校任职的教授和一般院校的教授也享有不同的声誉和地位,名校的教授离"院士"一步之遥却有天壤之别。我们不能把教授经济学的老师称为经济学家,也不能把演讲过一次或发表过一篇文章的教授或学者封为经济学家。我们认同的是成果和业绩,但这与称为经济学家毫不相干。因为你可以是经济学专家,成为经济学专用名词的解说师;你可以是经济学专家,成为国家经济运行成果的统计师;你可以是经济学专家,成为对国家有关法律政策的分析师;你可以是经济学专家,成为对国家经济现象的评论师;你可以是经济学专家,成为对国家政策策略施行的建议师;你可以是经济学专家,成为国家经济宣传的播音师或翻译师;你可以是经济学专家,成为国家股票市场的分析师;你可以是经济学专家,成为培养国家经济学人才的教授……当经济学家冠名到个人头上时,我觉得大多也非本人的意愿,盛名之下其实难副,何况经济学家之间为同一个事物,因观察角度不同,理解方法不同就可以得出截然不同的结论,这也非少见。比如对股市的理解,以著名经济学教授厉以宁为首的 5 人小组与吴敬琏为主的经济学专家就展开过针锋相对的争论。因为都有一个"家"的权威性,我们究竟应站在哪一边?现在在房地产、在税率等方面发表高见的经济学家不少,有的说房地产有泡沫,龙永图就说没有。有的说房价高了,有的说市场决定房价,有的把经济适用房造到一百多个平方米,茅教授就站出来,经济适用房就是没有卫生间的那种,可谓对一百多平方米的最大讽刺。当然百家争鸣,各抒己见是我们现在良好的学术风气。社会应该这样,不是吗?让我这个出租车司机也敢于站出来和"家"论理,就是证明。我们承认凡有教授头衔的经济学专家、领导,他们都有丰富的专业知识和社会经验,但在称呼经济学家时我认为只能泛指,无需个指,我们可以称其为经济学专家、统计专家或者经济学者、经济学教授等等,这样省得盛名之下其实难副的尴尬。当然有的并不是自以为是,而是记者媒体擅自封赠的,是说别人给的。我在这里咬文嚼字予以澄清,其实也是为另一部分人正名。谁是经济学家?其实无愧冠名的是银行、金融、统计、发改委等等部门的负责人,他们不懂市场和经济,怎么制定政策和策略?特别是现在专业对口,任人唯贤。只是"家"有定义的语法理解,有施以权威和否定别人的负面影响,因此我们不要用权威和职务让人就范。当然决策一般是团队或集体的作用,特别是重大决策,经济学家之间正反的观点都要分析,这和领导拍板、职务行为并不矛盾。

为什么经济学家可以泛指,无需个指?我还有别的理由。美国人写了一本书叫《经济学不是科学》,他说经济学其实是经验论,不是一门科学。我没有读过这本书,但我赞同美国人这个观点。经济学是随着市场经济走过来的,社会走到今天这个经济时代,根据以往的经历和经验,产生现代经济学的理论和观点。而这在过去的社会就不可能出现现在的经济学,马克思有《资本论》,但他绝对不可能写出现代的经济学观点。根据经验,经济学也只能预测或凭经验决定下一步行动及规划。经验就是成果,有了经验就可以少走弯路。经济学不是一门科学,不影响和妨碍我们用经济学去思考问题。生活和经济学是存在和意识的关系。经济学是不是科学并不重要,重要的是经济学必定解决生活中的问题,小到个人,大到地区、国家和企业,把握市场经济的信息和规律,让经济学更好地为我们服务。因此经济学家,这个"家"是泛指还是个指,冠名与否其实也不重要,重要的是理解和求真务实。谁是经济学家?既然这"家"不是职务也不是职称,又没有规范的标准,那么我们还在重复和主观地称呼某某经济学家,某某著名经济学家,其实也无需寻根究底,就这么叫吧。特别是记者和媒体,他们有取其名冠其家的自由裁定权,况且称为家的现象也很普遍,习以为常。我这一节拿出来议论谁是经济学家,也只是希望我们不要被现象所迷惑,无论哪个"家"出来,我们重要的还是要用"实践是检验真理的唯一标准"来分析和判断。

科学家和
社会科学家

前面我们琢磨了经济学家的"家"，这一节我们再议论一下科学家和社会科学家。我们对经常接触的词总是习以为常，比如定和订，在合同使用中稍有文化的人都明白，定金和订金你马虎一点，就有可能在合同官司中输掉财富。当然拿科学家三个字来理解，小学生也知道长大了要当科学家。如果你是成人，你就知道科学家是稀有人才，不是什么人都可以成为科学家的。那么谁是科学家呢？外国人的名字不大好记，中国的你可能会答上几个来。当然这并不重要，如果有一道题问你：中国科学院院长郭沫若是不是科学家？北京大学、清华大学的著名教授是不是科学家？这就难了，能回答吗？如果还有一道题：谁是社会科学家，社会科学家是指哪个领域,哪些成就? 可能就更模糊了。参照对谁是经济学家的怀疑和咬文嚼字的理解,凡是有中科院院士和工程院院士冠名的都可以誉为科学家,没有人会有异议。但因为中国社科院没有院士称号,所以谁都不是社会科学家。以前社科院有学部委员,学部委员是职称还是职务这也不重要,但它肯定比教授高一个档次。当然还可以拿博士来比较,博士并非博,庸才也可能考上博士,教学到一定的年龄也可能评上教授职称。这样我们就可以理解:教授、博士都不能称呼为科学家。科学家在自然科学的领域里产生,科学家在自然科学的领域里成长。小学生中学生中肯定有以后成为科学家的人,同样在自然科学领域里的教授,他们明天也可能选为院士跨入科学家的行列。当然我们不会贬低在社会科学领域里成为大家的学者、教授和政治学家、经济学家,他们同样也享有科学家一般的荣誉。只是我们可以直呼某某某科学家或科学家钱学森,而没有称谁为社会科学家某某某或某某某社会科学家。这就是以上咬文嚼字的理解,概念搞清楚了有助于我们对事物的深入理解。

科学家有局限性,一般是某个领域或某项科研上的领头人。社会科学家也有局限性,比如搞金融的银行家,统计、分析专长的经济学家,知识面广、理解分析能力强的哲学家,还有能掌握理解运用马克思唯物辩证法的社会活动家、政治家。当然如果科学家具有哲学家的智慧对他的科研更有好处,像爱因斯坦用相对论来理解事物。

自然科学家和社会科学家研究的领域不同。自然科学家研究的是生产力,社会科学家研究的是生产关系。生产力是推动历史和社会前进的原动力,生产关系则是推动生产力应用和发展的决定性因素。为什么我们觉得现在的人越来越聪明了,是人的脑细胞、脑回沟、脑容量有了进化的质变?显然不是,人类从工场手工业开始进入到现代的大工业生产也才两百年左右的时间,而中国可以说一百年都没有。假如把现在刚出生的最优质的婴儿放到狼群中去,他以后也可能是只会嗷嗷叫的狼孩子。若把这个婴儿放到深山老林中去生活,长大了他也可能只是一个普通的孩子,高考无疑落第。因此聪明只是因为站在了前人的肩膀上。科学家把认识自然、改造自然的能力不断地提高到一个新的水平,使我们都成了过去的科学家。过去的科学家如果生活在今天,他们或许不聪明了,有些可能比现在三岁的小孩都要愚蠢。像纪斯伪造"曙人"的笑话,居维叶的"激变论",林奈的"独创论",地球中心论等等,在今天的社会只能成为人们笑谈的资料。今天的孩子之所以聪明,是自然科学家把过去的一切知识,通过生产力的转换,变成一件商品或是玩具,浓缩了的智慧垫在我们脚下,我们一出生就站在了一个新的起点、新的高度,现在的人们之所以聪明就是这样得来的。自然科学家有他们的局限性,也在于他们对自己的科研成果具有真诚、坦白的精神。比如达尔文在他的自传中就写道:我不能伪装要在这样深奥的问题上作一点最低限度的解释,万物肇始的神秘不是我们所能解决的,人们必须满足地作一个不可知论者。我就是这些人中的一个。

对自然科学家的概念我们比较容易接受和理解,现在我们可以回答中国科学院院长郭沫若是不是科学家这个问题。郭沫若享有国学大师和科学家的双重荣誉。解放初期,中国只有科学院,没有社科院,郭沫若担任科学家云集的中科院院长。当然谁是国学大师这也有争议。不久前文怀沙被推崇为国学大师就受到了各方的质疑。了解和熟知文怀沙的人并不多,并且与文怀沙同时代的人也大多去世了,那么底细是如何被披露的呢?是一个与文怀沙同时代的老人有过交往的人民日报记者,从偶然中发觉蹊跷的。戏剧性的披露其实还是文怀沙的出生年月出了问题。90 岁还是 100 岁?对一个耄耋老人来说并不重要,人们一看花白的胡子和饱经风霜的脸,老人怎么标榜自己的年龄都会获得敬仰和尊重。恰恰有人追溯成长的历史,18 岁成为上海知名大学的教授,就是神童也难以让人信服。当然这并不是文怀沙受到质疑的主要原因,文怀沙即使没有著作等身的成就,他只要有类似"离离原上草,一岁一枯荣。野火烧不尽,春风吹又生"这二十个字的影响力,我想人民日报的那位记者也不会去追究老人家的确切年龄而引发媒体的一场风波。相对文怀沙来说,人们熟知的王国维被称为国学大师倒没有人出来质疑,但我有话要说。王国维在圈内是知名人物,我知道王国维的名字也仅仅是从对文怀沙的质疑中间接获知的,听说其著作等身。我不否认王国维的成就,但正如杰出的科学家丘成桐教授所赞赏的:"人生何须著作等身,你有一篇文章,甚至一句话,一项成就足矣。"王国维的840 多万字会有多少年轻人去研读,特别像现在电脑风行的时代,我们都不免有点担心,中华文化后继如何? 老一辈文化名人无疑是我们的榜样。但我对质文颂王最想提问的是,王国维在 1927 年 6 月 2 日自沉于颐和园昆明湖,为什么年仅五十就离开人世,而且是自绝? 仅这一点,他就不及文怀沙,文怀沙 90 岁高龄还登上讲台为年轻人和听众讲授人生哲理,尽管他没有著作等身,国学大师的帽子也是别人赠与的,我也要为他鼓掌。

科学家和社会科学家

话讲回来,"还有谁是国学大师"？这是《钱江晚报》2009年2月27日时评新闻栏的大标题。国学大师不是随便可以封的,要经过几辈人盖棺定论。即使是每年一度的诺贝尔和平奖我们也有理由质疑,它有评奖人主观和花钱颁奖的自由。浙江省社科院吴光教授说,以他目力所及"目前没有一位在世的国学大师,季羡林称得上是印度学史家,汤一介、张岱年是中国哲学史家,南怀瑾是论语研究家,都算不上国学大师。现在于丹、易中天红了,但他俩还算有自知之明,不会自封国学大师。他们有国学推广之功,但有过分炒作之嫌"。吴教授还说到一次自己的经历:"我曾称呼一位六旬采访对象为'大师',一来显摆我熟悉掌故,二来要套近乎,这都是场面上的话。第二天见报称大师就大师吧,我也没工夫真的查他祖宗十八代,反正说人家好话总没错。现在借着李辉质疑文怀沙事件,也表达一下对所有大师的质疑。"吴光教授是圈内知名人士,他坦率真诚的表白是一种精神和品格。

最后我的结论是:科学家是当之无愧的荣誉和称号。如果谁对科学家提出质疑,这肯定是一种进步,这个人会有更大的发现和成就。就像牛顿的万有引力定理,现在有新的科学实验证明还有未被发现的作用和原理。如果谁对社会科学家表示质疑,问诸如谁是国学大师,谁是经济学家等问题,这是个人的自由,是每个人的理解不同。如果我们每个人都有独立思考的精神,这也肯定是老一辈社会科学家们所期望的,才能有人继承和发展他们的学说,并在继承和发展中不断修正局限带来的谬误,并开拓新的认知的领域。

富不过三代吗？

改革开放有了让一部分人先富起来的政策以后，这一部分人像滚雪球一样，富人的队伍不断扩大。有胡润排行榜，有福布斯统计表等等，在都有钱的前提下，富人和财富不是罗列一串名单所能包含的。上亿是富的标志，100万也是富豪，现在究竟有多少富人或富豪其实谁也无法统计。不过民间早有人预言，富不过三代，一下子把全部富人和财富浓缩了。三代是个什么概念？也就是爷爷到孙子一辈，富人变穷了，财富也没了。当然这是宿命论的翻版，莫斯科不相信眼泪。从历史唯物主义的角度看，劳动人民从来没有进入富人的行列。封建社会皇亲达贵拥有社会绝大部分财富，可是他们把所有财富都埋入坟墓，地面上的财产又在兵戎相见中毁于战火。占人口绝大部分的劳动人民，仍旧生活在水深火热之中。进入半殖民地半封建社会和军阀混战的时代，地主、资本家和少数官吏官僚，他们占有财产和资源，他们是富人，但他们的富是阶级压迫下非法占有的富。他们没有资格列入富豪排行榜。以蒋宋孔陈为代表的官僚资本家，他们不出一代就倒掉了。当然拥有所有文物价值的财富也不在富豪排行榜的清单之中，我们所要阐述的"富不过三代"是通过公平竞争或者勤劳致富的市场经济中，企业和财产是否还能延续和发展，这是社会现实提示我们的理论课题。从历史唯物主义的角度看，富不过三代首先要有一个长期稳定的社会秩序。其二，富不过三代并不是指孙子比爷爷无能，旧社会里劳动人民以温饱为生活前提，好男儿都当兵去了，谁也没有把财富积累为目标而奋斗。因此在兵荒马乱的年代，钱和财产不会有三代的保障。即使进入社会主义，劳动人民当家作主了，提倡勤俭节约闹革命，割资本主义尾巴，斗地主富农，还哪来富的产生和滋长。在以贫雇农、血统工人为荣的时代，我们也根本无法接触富不过三代的字眼。

今天改革开放，我们的国家发生了翻天覆地的变化。从一部分先富起来的带动下，个私企业、民营企业、股份制企业遍地开花结果。仅从买房买好车的形势看，劳动人民中百万富翁已不计其数。这里我们无需统计，也不必分析研究还未达到"富"的人群，我们试图分析和看看，为何富不过三代，它有什么暗示和根据。

富不过三代之说出自何处无法考究，民间有这样的论定和传说，也肯定有它的局限性。这也是一种主观和唯心主义的意识。首先改革开放的政策是稳定的长期的策略，我们的社会是和谐的进步的。中国共产党是先进生产力的代表，它有广泛的群众基础，还有不断克服和提高自己领导能力的勇气和精神。我们的政权是巩固的，我们的国防是强大的。在繁荣昌盛的和平环境中，我们五代、十代、世世代代都将不再有兵荒马乱的景象出现，富不过三代，这从根本上就可以否定。当然从具体的、战术的、个体的角度上看，富不过三代会有表现，但这无妨大局。我们就来分析和看看哪些事和人会应验这个预测，或许对我们已经列入富人行列的老板们起到警示作用。

在改革开放浪潮中，不管你是以何种方式和资本起步发家致富，只要你有合法的收入和财产，我们都认同你是富人。企业越做越大是好事，老板越来越富很自然。就个体或个人而言，我们拿名人马明哲来说，他有6 000万元的年薪，即使企业破产了，饿死的骆驼比马大，他也不致于穷困潦倒。我们所有的亿万富翁，他只要不是无端地把钱扔进太平洋，按照富人的标准生活,他子孙十八代也不会落入"富不过三代"的圈子。只是那些越做越小的企业,生意越做越亏的老板,富不过三代正在招手。市场经济和白热化的竞争是无情的。在这个基础上我们议论富不过三代才有实际意义。当然我们还要采取排除法:第一,涉赌,家有万贯,你也不能去澳门,或拉斯维加斯,十赌九输这是结论。当然涉足所有赌场结局都大同小异。"富"还没过二代你就沦为穷小子了。第二,涉毒,靠吸贩毒为生、为荣、为乐的富豪,他不会把财产留给子孙,他会把全部资本吸光光,还把命搭上。第三,嫖或包养情人,这类富豪他对朋友亲戚会喊穷,而对嫖和情人不惜本钱,花钱如流水。他不会有创业精神,他留给子孙可能就一点残羹剩菜,应验富不过三代可算是一例。第四,没有文化基础,不善于投资理财的第一代老板,他们借助改革开放的机遇发家致富,他们在市场经济中盲目投资,敢冒风险,大起大落,富不过三代属正常现象。第五,走歪门邪道,做了违纪犯法的事,像赖昌星、许迈永一类财富一笔勾销。第六,通过排除,就是我们需要真正关注的那些富不过三代的人和事。那些企业越做越小了,生意越做越亏了,每天有许多家企业关、停或倒闭,又有许多家个私企业登记注册一展宏图。市场经济在"大浪淘沙",富不过三代我们实在没有担心的必要,学会在市

富不过三代吗?

场经济中游泳,是一个做老板的基本技能,当然有关部门和政府,对所属个私企业进行必要的扶植和帮助是义不容辞的。我们希望任何企业都在市场经济中越做越强,老板个个生意兴隆,财源滚滚,"让富不过三代"见鬼去吧!

盲人和盲道

　　昨天(2010 年 12 月 3 日)从杭州电视台看到城市管理又将针对占用盲道的违法行为,进行重点管理和执法。对凡在盲道上压线和占用的机动车非机动车进行处罚,机动车占用者罚款 150 元。这项管理和处罚在盲人日,媒体也格外重视。机动车由于体积大,移动不方便,驾车人被处罚无任何理由推辞狡辩。非机动车就不同了,由于量大,人员繁杂,管理和执法往往也只能点到为止。由于盲人是弱势群体,有文件精神,管理和执法都理直气壮。一条大路没有盲道设施,城管可以视作验收不合格;一栋大楼门前没有盲道设施,城管可以勒令重新设置。杭州吴山广场有个花鸟城,因为门前没有盲道设施,被勒令停业整顿。凡此种种现象,在全国范围内肯定类似情景普遍存在。我为什么要评盲道呢？因为我认为还有更好的办法可以解决盲道问题。

首先，我们先拿自己的小区、街道或村子来了解一下，你居住的小区、街道或村子有几个盲人，你用手指头扳一下，可能艮思许久也扳不出一两个，再加上自己的眼睛，你亲眼目睹盲人用盲杖在盲道上行走有多少次？就我几年来的回忆和观察，我实在想不起有哪个盲人在铺设的盲人专用道上行走。可见盲人使用盲道的概率非常低。

当然爱心人士会严肃地指出：低并不能说没有，也不能让盲人没有盲道。我接受批评。其实在马路上、大厦前设置盲道也不犯难。只要在设计图纸上勾上一笔，施工人员对再复杂的工程，他们也只是按图施工，保质保量完成工程而已，不费领导一丁点儿口水和心思。但是关心盲人出行我们为什么不可以做得更好呢？前面我提到了在盲道上盲人行走的概率及自己在生活的小区和村子扳过手指头。从实际看现象，我可以认为盲人都蜗居的多，盲人由于不方便行动，大多出门很少，特别是远距离出门。他们偶尔会在自己熟悉的环境中走走动动，家庭成员关系密切的会用轮椅载着盲人或残疾人在外面晒晒太阳，呼吸新鲜空气，听闻小区鸟语花香。由于生活水平的提高带动社会风气的改变，公交车上被让座也不

盲人和盲道

必说谢谢之类的客套。假如盲人在路上行走，必定会有路人上去指点和搀扶。当然我们还可以设身处地地想一想，当盲人出行的时候，他在楼梯和自家门口并不能马上进入盲道，他首先得摸索着找到有盲道的引入口，大凡有盲道设施的大厦和路段，离盲人出行的起点肯定有一定的距离。帮助盲人出行最关键的是在他最需要帮助的启程点。如果让盲人依靠盲杖在盲道上摸索着行走，最好的帮助是别人的搀扶和引导。现在我们生活的社区和村子，物业管理都非常到位，社区工作人员他们对辖区内的孤寡老人和残疾人都关怀备至，他们对情况了如指掌。农贸市场、超市及外卖，一个电话也会服务上门，一般盲人和残疾人无需出门购物，但这也不能说没有例外。政府为表示对盲人和残疾人的关怀，各级领导为贯彻红头文件的精神，采取必要的措施和设置也不可否认。但我们是否还可以做得更好，更具人性化关爱？我们一方面要相信人民群众道德观念的升华，尊老爱幼，扶弱帮困的觉悟，也不一定要用占用盲道一刀切地按罚款处理来示爱。业余的爱心不能兼顾，我们就组织志愿者，我相信有视力的老百姓大多愿意成为志愿者，在发现有盲人行走的地方和时间，从社区和村角，我们就可以安排志愿者陪同盲人出行。让概率很少出现的盲人出行得到百分百的看护，不是更显人文关怀吗？同时附带一句：占用盲道小

盲人和盲道

心被罚。保持城市道路应有的秩序，我们还得自觉遵守。

如果我们能特照万分之一个盲人出行，就不能从千分之一个志愿者中呼唤一个爱心人士出来吗？再则你设计盲道按照路线图的延伸，就一定不会"妨碍"或影响正常需要道路使用者的利益吗？我们杭州出租车还有特别设施的叫无障碍出租车服务，残疾人只要拨通一个电话，出租车就可以上门接送。那么面对盲人的服务，我们非要用盲道设施和有占用盲道行为进行整治和处罚才叫关怀吗？而对盲人不到位的服务，我们不可以叫作秀吗？这就是盲道秀。

"穷人""大学"
和"国考"

人在成年以后对自己今后的生活都会有一个想法,大凡"理想"这词不是常人都兼有的。理想含有较高端的思维和要求,也不是小学生说长大了要当科学家那样的理想。过去的社会,在中国百分之八十以上的主体是农民。背靠蓝天面朝黄土的农民都可列入穷人的行列,穷人较为普遍的想法就是沿袭世世代代的观念:将来生儿育女,养儿防老。穷人中不乏有理想的或发奋读书的,参加科举考试期望金榜题名的,或者从军,死活不嫌从士兵往上干的。

中国这个封建、落伍的巨人通过最近三十年改革开放的努力,正在向世界发达国家靠近,百分之八十以上以农民为主体的社会结构正在改变。

富豪不断跻身福布斯排行榜,小富中富以上的比例不断攀升。我们对"穷"的认识也需要重新调整角度和"尺寸"。衣衫破烂,伸手乞讨的形象已不复存在。但这不是说讨饭的穷人和现象没有了。在都市车流穿行的十字路口,红绿灯下突然会冒出很多乞讨的妇女、小孩和老人,他们敲开你的车窗,用硬币在杯中碰撞的声音提示你,他要的是钱并非残羹剩饭。这类乞讨的"穷人"听说他们在农村的老家都盖了新房。我偶尔从立交桥下经过,亲眼看到这类乞讨的穷人都在把硬币归纳整理成"刀"或捆,去银行兑换,甚至向我们出租车司机以零换整。当然对"穷人"还有更深层次的解读:那些西装笔挺开名车住洋房的"富人",他们中的有些人不会比在车流中乞讨的穷人处境更好些。冷在风里,穷在债里。经营不善,吃喝嫖赌吸,倾家荡产,纵然你有名车豪宅,若资不抵债就是穷光蛋一个。落得比乞讨更体面的下场就是做老赖或者跳楼投江。这类穷和富的现象不能归咎于穷人没有理想,而从侧面说明理想不是庸俗低级的思维和要求。他们只能用欲望和企图来归纳和总结。那么在平庸中生活,或在脱贫致富中奋斗,是否就可以认同属于有理想的穷人? 当然非也。相对来说,理想大凡都属于青年一代的思维和世界观。尤其从大学毕业的青年中,他们往往不会把钱看得很重,他们要谋求专业的方向,塑造人生起步的雏

162

形。重温毛泽东的教导：世界是你们的，也是我们的，但归根结底是你们的。你们青年人就像早晨八九点钟的太阳，希望寄托在你们身上。现在读来也倍感亲切。中国改革开放三十年来已取得了前所未有的辉煌，但面临风云变幻的世界，改革开放深度的开拓，青年一代仍面临理想和考验。坚冰已经打破，航道已经开通。中国的青年一代绝不会辜负毛泽东的教导和期望，同时这也是中国所有老一代的希望和寄托。但事物总有它的两面性，那些沉迷于网吧和网络游戏，不思进取，啃老族，富二代飙车，酗酒等这类人还有理想吗？显然理想不是人人都有的。穷则思变，穷能成为激发改变落后状态的动力吗？当然对于"穷"也有不同的表现和理解。我们现在是用差距来表示存在。对于收入差距的客观存在，人们可以有不同的认识和理解来平衡：你背一只万元的 LV 包，我挎一只地摊上淘来的百元一款的新颖包；你开千万一辆的豪车，我驾十万一辆的大众；你住二百平方的豪宅，我宿八十平方的二室一厅……对使用和享受来说，收入差距并不是衡量的标尺，人的认识和理解是唯一能作出合理解释的。国考热的兴起，使步入成年的"穷人"有了进入仕途的理想的阶梯，当然用穷人的字眼不妥，应当就是指我们应届的大学毕业生。"国考"在一定程度上杜绝了"官二代"继承制的弊端，但千军万马过"独木桥"的国考，也存

"穷人""大学"和"国考"

在很多问题。我们知道大学里有理科和文科之分,还有院系专业的分支,本来这是发现和培养人才的专业途径,但因为上国考独木桥,这种专业定向培养人才的方式完全打乱了。这难免使某些有专业特长的考生要么落选要么改行换业,当然我们也不排除有"考试机器,专长读书"的考生在公平竞争中顺利拿下高分而走上仕途,而有没有人品和能力就完全剔除了。相反没有应付考试能力的特长生,无疑将被排除仕途以外。当然这也是一种臆想,没有实验和对比的实例,虽然存在这种可能。还有在招聘和求业之路上,专业对口的应聘也往往被薪酬和待遇所打破,经过大学某项专业考试的学生,在面临就业的压力或诱惑面前,他们首先要考虑自己能否被工资和待遇所遴选,只要有不菲的工资和待遇,大学毕业求职的机会有多少人是真正符合专业对口的要求? 实际上我们所有学校在培养人才还是培养孩子人生价值观上是职责不明的,培养人才为谁用? 人才如何面临择业? 市场经济无疑成了主人,大学毕业后的可塑性很强,所学专业也往往是一张空虚的名片和一张实用的文凭。最重要的是人生的价值观我们没有,一切都只能到社会的实践中去摸爬滚打,再上一次大学。生存立足是人生第一位的,一个人没有生存立足的第一要求,那么所有理想和前途就不可预测。立足生存也是市场经济的要求。国外教学的特点是,把

"穷人""大学"和"国考"

培养学生独立思考和行为处事的动手能力放在首位，而不是像我们的学生还需大人或保姆来料理生活和起居。试想一个学生没有独立生活的能力，怎么还能在专业事业上有独立思考和较强的动手能力？我们的学校和学生太看重分数和学分的作用，而使教学走向歧途。不说"考试机器"、"读书能人"顺利通过国考进入国家公务员队伍，国考也让许多可以在其他科研和生产岗位发挥才智的优秀青年，放弃了更有作为的领域。这是国考弊端的一种隐性现象。再则通过国考进入国家公务员队伍，我们可以称它为仕途历程的第一层楼。第一层楼充数着良莠不齐的大批官后代，体制弊端从根本上并没有因此触动。从经验看，一系列贪腐现象不是发生在一层楼，我们先前发现许多贪腐案例大多发生在晚节不保。为什么晚节不保？按通俗的理解就是暗示有权不用过期作废。但是现实告诉我们，更严重的是现在贪腐现象的案例不再发生在晚节不保，而是更多地趋向年轻化，只要有权触及的领域都会有贪腐现象的发生，并且手段、目的更为明确和彰显。公务员的诱惑力不再是冲锋在前，吃苦在前。公务员也不再可以躺在功劳簿上享受余温。现代公务员进入"国考"，更彰显的功利就是待遇和可以预测的仕途。不言而喻，看好前途和待遇是参加国考闯独木桥的第一志愿。至于怎样发挥才能，做人民的公仆去为人民服务,是以后的本职工作,用不着高谈阔论。只是仕途必须解决组织问题,入党誓言怎么说我就怎么背熟它,独木桥要过的门槛也是迟早的事。当然国家也面临同样的难题,不实行国考,那么公务员又从哪里冒出来呢? 公平公正公开又如何体现呢? 当然一个不争的事实是公务员有丰厚的待遇和稳定的前途,并且仕途关键的一个起点,现在是几千人争一个名额,以后就是十个、两个争一个职务,看好这一点也许是国考热潜在的诱惑。假如公务员要像以前那样从枪林弹雨中不倒的侥幸中生存或晋升,那么重要的是你现在的表现和优秀。可惜假设、假如都不能妄下结论。不走国考的路你有什么更好的办法呢?

低碳低到哪里

　　不知什么时候低碳闯进了我们的生活。其实正确地说：我们（中国）一直都在低碳中生活。改革开放三十年，最近十几年才"三转一响"换了新玩意儿，随即外国人就要求我们低碳。当然我们也愿意低碳。只是才从低碳里走出来就要试着走回去，还能走回去吗？低碳要低到哪里？

　　人云亦云，于是乎低碳风在地球上刮来刮去，低碳学说、低碳实践也纷纷登场。你懂低碳吗？你会低碳吗？当然领导不能不懂。领导必须把低碳挂在嘴边，即使违心或事与愿违，也不妨多唠叨几个低碳，无伤大雅仍可我行我素。老百姓不懂吗？当然不懂也可以装懂。不是吗？我用草绳编了草鞋，还有竹编的菜篮子。我不用空调在摇扇子，我还响应低碳的号召,无车日不开车出行……低碳不算秀吧,也十足可算是一种态度和生活方式。任何生灵都没有倒着走路的习惯,人类也不例外。人类虽可以改变前行的规则和速度,但前途障碍重重,口是心非谁能调和。不过低碳要低到哪里?其实人类也犯糊涂。大概现在的人类飞得高看得远了,突然发现北冰洋的面积在缩小,南极的冰山在消融,地球的气候变暖了,原因就是地上的汽车多了,空调、冰箱的使用普及了,要限制这样的发展和使用。但是由发达国家牵头议定的《京都议定书》,就有某些发达国家拒绝执行。减排,减少碳排放纯系纸上谈兵。地层中的煤在不断地挖出来,地下的油源源不断地在往上冒,有科学家惊呼地球地心的重力在倾斜,地球的转速在改变,天空臭氧层的洞口越来越大,太阳的黑子不断让地球感冒发烧。即使这些科学的发现和检测是可信的,但要求低碳,能低到哪里呢?低碳能化解地球存在和发展以及由于人类生存而发生的矛盾?发达国家占有和使用了地球的大量资源,他们向地球施放了大量的碳,节能减排首先是他们要做的事。不少发展中的国家和人民还生活在贫困中,他们生活在低碳环境中,何来限制排放?当然从长远的、发展的观点出发,人类共同生存的地球因面临人类活动的影响在发生某些变化。森林面积减少了,气候变暖了,造成对人类生活不利的负面影响,这肯定是个问题。

低碳低到哪里

但在具体履行《京都议定书》时，国家的主权和利益高于一切。《京都议定书》就犹如一纸空文。发达国家唯一有效和有责任的行动，就是用新能源新科技帮助发展中国家摆脱贫困，走上理解和使用新科技的成果。真正和发达国家一起节能减排，这才有实际意义。否则低碳只是让我们保持一种良好的节约为主导型的生活方式而已。

　　人类的活动究竟对地球及气候的影响有多大，这也是有争议的。有的科学家表示人类的碳排放对地球的影响微乎其微。气候变化受厄尔尼诺影响，有周期性的规律。也有的说气候变化有五十年一遇，千年一回，甚至几万万年一个小冰川、大冰川的轮回。如果站在这个高度来看地球，人类认识地球才有几年？六千万年前恐龙的灭绝，有人说是小行星碰撞地球的结果，有的说是大火烧掉了恐龙的食物链，有的说是六千万年前一个冰河期的到来灭了恐龙。不管怎么说，与恐龙同时代的生物有鳄鱼为代表的遗存，他们是怎么躲过一劫的？看来恐龙庞大的身躯遭受食物短缺是致命的原因。气候对生物都是同样的，它们同样要经受温度和气候的考验。地球上像恐龙那样的庞然大物消失了，食物链是最根本的解释。六千万年离我们太遥远了，人类下得山来也才几十万年，成为智人听说只有二十万年左右，还不会数1234的原始人只有一百七十万年，而人亲眼所见的实况只有一百年,以致我们人类对六千万年来的地球充满了好奇和疑惑。究竟现代人类的活动对地球影响有多大? 从月球上看地球太近,在太阳系看地球,科学家把八大行星的行动轨迹计算得分秒不差。到银河系看地球,地球——这颗蔚蓝色的小行星它究竟受何种力量的制约和存在? 在浩瀚的茫茫太空中,我们一纸《京都议定书》是否还有更深的基础? 其实我们人类谁也不怕谁,假如真有外星人的存在,让他们来看地球,他们首先会肯定这是一颗有生物的小行星。至于小行星上的人类,人为地把地球分割成许多不规则的地域和疆界,他们就看不懂。他们要考虑的是地球上的生物即人类,如何对待来访的星外生灵,他们不会有意识地找美国人,他们要找地球上的生灵,而地球上所有生灵的代表,人类互相残杀的现象根本不是他们所能理解的。好在我们现在有了地球村的观念,联合国又设置了星球联络官,但愿一致对外的外交策略,能把我们这颗人类赖以生存的小行星,带往浩瀚的太空与外星人和平共处。

最近地球上有许多国家和地区发现了大量动物和鸟类神秘地死亡,大量和神秘的字眼让许多人感到恐慌和不安,更有甚者预测地球末日的来临。挪威科学家站出来解释:动物和鸟类大量死亡并非神秘,由于天气和食物的原因,这种死亡在以前的社会环境中也都有发生,且大多发生在

低碳低到哪里

乡野和无人迹的地方，只是现在信息的传播太快了太普及了。

　　回过来我们再说低碳低到哪里？显然，中东的石油没有挖尽，它就不会断流，地层中的煤炭只是地壳中一层薄薄的皱纹，挖呀挖，都挖出来，根据物质不灭定律，地球的体重还是那个样。至于汽车、飞机在地表上窜来窜去，从月亮上看下来不就是那几个蚊子蚂蚁爬来爬去？当然还有那一片片云层，使火星人观察不佳，待拨开云雾见地球，蓝色的还是蔚蓝的，地球会有多大变化？数据需要单个的也需要一连串的分析。就像杭州市区有七十万辆车在烧油，污染不能仅从杭州上空观察，还需要到太平洋上空去看下来分析，可是我们的人类换了一代又一代的领导，他们必须再找谁呢？低碳低到哪里了，一代又一代的疑惑，联合国坎昆会议（全球气候问题）正在召开，我们去那里听听吧！

申遗和文保

中国是一个古老、文明的国家。地球在造地运动的时候留下了很多痕迹，这是天然的遗产。中国又是最早进入人类文明史的国家。上下五千年的人文历史给我们留下了弥足珍贵的文化遗产。不知什么时候申遗成了各级政府的一项荣誉工程，有报道说，贵州黔南的荔波县，一个国家级的贫困县，为了申遗，地方政府举债约2亿元，就像贷款做生意，孤注一掷。按照联合国一个国家一年只准申报一个项目的规定，全国约有两百个申遗项目的竞争，无异是一种冒险。是不是申遗成功能从联合国那里得到源源不断的遗产保护资金？或是一大笔申遗成功的回报？老百姓不知道，老百姓疑惑。申遗和文保是一种什么样的关系？笔者也只好试着自己问答,也许老百姓就是这么认识的,会比官方更实在。我们从三个角度来看看:一、从领导层看,申遗好像也是一种政绩工程、面子工程。一个国家一个地区拥有世界文化遗产,并且是联合国认同的遗产,这是一种荣耀。任何地方政府为此申遗是国家行为,因此不会受到任何阻挠,以国家的名义,为国家争取遗产,即使举债这个债也是办了申遗该搞的项目,从保护和旅游开发来说也不是白花了钱,是个一举多得的好事,从领导层看申遗何乐而不为。二、从专家层看,专家为申遗出谋划策,从专业的角度,为遗产保护,并且使其得到相应的名分是本职工作的要求。谁不想让省级文保上升到国家文保,国家文保上升到世界文保?每上升一级文保,就可以得到更多文保的资金和保护所得到的重点待遇。三、从老百姓的角度看,也就是像我一类属大多数老百姓的角度看。遗产是地球和我们祖先留下的遗迹。首先遗产要保证它的真实性和原创性。许多遗产和文物,经过我们的修修补补,在原先的遗迹上留下人为的印迹,这无异于破坏。游客到某地往往向导游或讲解员发问:这墓是原来的墓吗?这房子是原来的房子吗?因为我们看到的文物没有沧桑感,没有风化和日晒雨淋的腐蚀感。

遗产是原来就存在的东西,申不申遗有那么必要吗?并且还要举债来办申遗,还得按联合国官员的意旨? 在申遗过程中,这里不行那里得这样,如果是看准他口袋里的拨款,着实更没那个必要。就像人家发诺贝尔奖金,我们不一定要稀罕那个不是诺贝尔本人意愿的颁奖。我们有杰出的科学家已足够了。我们为什么不能淡化它的宣传,甚至不屑一顾地轻视它? 遗产在我们中国谁也拿不走,而事实上,即使申遗成功后,靠旅游业来赚更多的钱,也只能是一厢情愿。旅游业的兴衰是国民经济收入的晴雨表。有钱了到各地玩玩,钱多了跑得更远一点。我们压根没有想过是否要到世界文化遗产地去看看。有报道说:山西五台山申遗成功一年多后,旅游收入没升反降,而五台山为申遗投入资金以及大拆大搬付出的经济代价不下 20 亿元。遗产和申遗没有必然的联系,遗产需要文保才是我们真正的要求和目的。所有列入文保单位的遗产,不管等级如何,我们都有责任和义务进行有效的遗产保护。投入必要的资金也并非为申遗而申遗。杭州的西湖虽然还未列入世界文化遗产名录,但我们对西湖的保护和投入必要的资金进行开发修缮,就是未能申遗或不被联合国遗产名录认同,也不妨碍西湖作为著名的自然美景,吸引世界各地的游客前来游览观光。世界遗产申报的宗旨,是合理保护和恢复全人类共同的遗产。申报世遗意味着承担保护的责任,而不是变世遗为开发旅游业,为赚钱。

世界文化遗产即使申报成功，也不过是一个虚名，存在却是实实在在的东西。西湖仍是西湖，如果硬要给它换个名称或套个头衔，叫世界文化遗产地西湖，有这个必要吗？如果所有文保和遗产都因名望更高而向游人收费，这不是无事生非让游客愤怒烦恼吗？任何地方保护主义借自然文化遗产向人们收取进山、进洞、进园费用实际上都是不应该的。更有甚者把门票收入纳入地方政府财政和个人及单位腰包，这也助长了贪腐的恶果。

浙江目前只分享到一个江郎山的世界遗产名录。西湖已列入申报名录，在今年（2011 年 6 月）即可见晓。当然西湖能否成为遗产实在没有关注的必要。江郎山是地质地貌结构的遗产，是大自然的造化，这与申遗不申遗根本没有因果关系。西湖一方面是地貌结构变迁的造型，另一方面也是两千年文化沉淀的结果。秦始皇来玩西湖的时候，把船缆系在宝石山的山坡上，说明西湖那时面积还很大，那时西湖叫钱塘湖，和钱塘江水系一脉相连。西湖因为有两千年的文化沉淀才获得申遗和全国文保的资格。人文历史凝固在点点滴滴的痕迹中，也铭刻在人们世代相传的故事中。申遗申报世界文化遗产挂上一个名录也实在没有实际意义，况且申遗也是国家行为，老百姓没有必要亢奋和激动。

杭州作为中国七大古都之一，从南宋皇朝建都于此，屈指算来也只有八百多年,按照现在不算稀奇的百岁老人来说也只有几个爷爷的爷爷。南宋皇朝的遗址从我的窗口看过去,直线距离不足 500 米,可是遗址的痕迹早已灰飞烟灭。根据挖掘考古的实证来看遗址在地下 2 米处。现在杭州市政府正在为复原南宋皇朝的遗址而努力。当然这也谈不上文保,因为没有可保的原件和实物,只能按历史记载修建一个新的南宋皇朝的模样。作为旅游项目让文保和历史与我们环境改造有机地联系起来,不失是一种开发和利用。

生活离不开
电脑吗

不断升级换代的数码产品，日新月异的发展速度，让我们紧紧跟上都显得比较仓促。手机换了一个又一个，数码产品的价格天天跳水，电脑配置蹭蹭蹭地不断往上蹿，家用电器一键到底，汽车由电脑显示和操作，有一点点小毛病都会告诉你提醒你。上银行、超市、医院都有电脑辅助，清清楚楚明明白白。我们的衣食住行都已融入了电脑操控的互联网时代。工作、生活、学习无不与电脑联结，我们的生活似乎已离不开电脑。实际上这也是我们认识上的一个错觉，正确地说，我们只是不断适应互联网带给我们新的生活方式。从另外一个角度说，没有电脑、互联网，我们可能生活得更好。比方说我衣衫简陋地在农村生活，凡有电脑、互联网的新科技我都没有，我每天在田里或山上干活，家里养鸡养猪，厨房里大柴灶伴随大铁锅，就连我住的房子也是冬暖夏凉的泥瓦房，过着自然生态的生活，你不羡慕吗？当然，道理上说得通，也切实可行，但这也是对互联网进入生活领域的一种误解。历史不可能倒退。还有一个最明白不过的道理：落后要挨打。人家依靠电脑、互联网的高科技，手指头动动就可以破灭你"桃花源"的生活梦想。你必须奋起直追，紧紧跟上高速发展的步伐，有互相对峙的实力才能保全你现在能享受的一切。这是前提，世界上谁也不怕谁，谁也不敢落后。撇开这个前提，我也可以说：我们并不在电脑互联网的笼罩中生活。我可以不玩电脑，不看股票，也不开车，手机只用一个可接可打的功能，家用电器中空调可用可不用，电饭锅没有我大柴灶好，总之我不追求电脑互联网的介入，但实际上我还是在电脑互联网的笼罩中生活，只是在这个笼罩的环境中我仍可遵循自己的生活方式，这也可认为是落伍的生活习惯，但这种生活方式有什么不好的呢？且慢，你也不要误解我的观点，因为我同样可以认为你也不在电脑互联网的生活内容中。你可以问问周边所有的人，你在使用的手机，手机的芯片你会编程吗？你会设计制造吗？你在得心应手地用电脑显示器操纵自己的爱车，你在任何一款家用电器上按按钮操作等等，有哪一款电脑程序和零部件是自己亲手设计和生产的？我们几乎都与息息相关的电脑互联网根本沾不上边。打个简单的比喻，我们只不过将改革开放前的"三转一响"换了式样，且功能可有可无。且慢，你不要马上想说出反对我的观点，你太偏执了，这样的认识和理解太肤浅了。不过从肤浅中理解实质，需要的是一种启迪。科学家毕生的研究成果浓缩成一个公式或一句话，而我们理解和应用他的成果可能只要两个课时。像阿基米德的定律，我要造航母，就只要掌握吃水深度，卫星上天，就要克服万有引力的作用，最新款的手机和电脑其实操作更简单。我不懂科学但掌握高科技。为什么我们怀念钱学森，称他是两弹一星的元勋？元勋的理解就是因为肯定是他用毕生的科研成果，教我们使用了他的计算公式和零部件的生产方法，我们在他的肩膀上站到了一个新的高度。我是车间工人，但我在造原子弹、飞船，你信吗？当然远离电脑，不触网我们还可以生存得更好。除了我偏执到农村去"刀耕火种"，你可以亲眼看看自己的周边，有多少人沉浸在电脑游戏中不能自拔？新闻节目中每每看到父母苦苦劝导自己的孩子下楼来过正常人的生活，可沉迷电脑游戏的小青年死活都赖在键盘前，精神恍惚。我在出租车行驶中还接待过一位 16 岁的小姑娘，说是从东北到杭州来找网友的，我问她见过网友吗？回答；没见过。因为没有手机，她要求我找到一个网址，马上与网友联系。后来的联想就让我陷入一种无奈的沉思。我大学毕业三年的儿子和当警察的外甥，他们工作以外的时间，都投入在电脑游戏上。如果没有工作的约束，真不知道他们沉迷于电脑和游戏会是一种什么结果。我问过熟悉的家长和孩子，无一例外家里的电脑就是以游戏为主的摆设。你再去各地的网吧看看，里面黑压压的人头，无不在玩电脑游戏。当然上网已成为一种现代的生活方式，无可厚非。任何事物都有它利和弊的两面性。对许多人来说并不是离开电脑无法生活，只是对电脑和网络的依赖成了一种习惯或陋习。最主要的是青少年缺乏自控能力，一旦陷入如醉似梦的电脑游戏而成网瘾不能自拔时，会贻误前途或搞坏身心健康。你觉得我们生活离得开电脑吗？当然已离不开电脑。事实上我们虽与手机、电脑、网络没有直接的生产关系，但我们都只是消费者、玩家和使用者。在手机电脑网络带给我们高效、新颖的生活方式的同时，我们最主要的是要有自控能力。并不是生活离不开电脑，而是不能让电脑干扰我们正常的生活，凡事有度。工作离不开电脑，科研离不开电脑，是需要，还要发挥提高。生活离开了电脑，可能我们会生活得更自然更休闲。但

生活离不开电脑吗

这已不可能,电脑是现代生活的意义和标志。我们必须人人掌握和使用电脑,但不是沉迷于它,特别是孩子们。我们的软件工程师们,应当设计和开发出更有教育意义和启迪孩子们智力的电脑游戏。

豢养宠物
面面观

新闻链接：杭州小和山深处的动物救助站，有一群富有爱心的八〇后、九〇后，在家基本不做饭，却每周给流浪猫狗烧大餐。这个救助站有一百五十多条流浪猫狗。八〇后、九〇后青年大多是白领人士。（据《钱江晚报》2011 年 1 月 6 日报载）

物种起源和进化论的先驱达尔文告诉我们，人和动物都是从野生状态的生存环境中进化过来的。人类下山后有了自己的人类社会，动物也仍有自己的动物世界。人类和动物互相依赖的生存是地球存在的一个整体。人类征服了整个动物世界，却不能以征服者而漠视动物在人类生存环境中的地位和作用。

　　人类在生存斗争中首先驯养了像野猪、野狗、野禽一类动物。这
也是在不经意的圈养环境中慢慢让一部分野生状态下的物种，融入了
人类生存的生物链。这并没有影响干扰野生物种的生存和繁衍。人
类驯养动物的初衷是为我所用，让动物的特点和习性为人类的需要服
务。这在很长的一个社会环境中，动物和人类是利用和被利用的关
系。狗具有领悟性，成为人类最早的朋友，而在以往的社会也大多只
是人类狩猎的助手或成为主人看家护院的帮手。随着人类经济的发
展，人们不再为生存发愁的时候，动物开始进入人类溺爱的环境并因
此成为宠物。其实动物的本能和天性无非就是谋得食物和习惯的行
为。但是富足以后的人们把宠物亲昵成"儿子"和心肝宝贝，并且施以
过分的溺爱，反映了一种社会心态，也就是一部分人的精神需求。如果
驯养动物仅仅出于一种生活情趣，每个人都可以因地制宜地选择。但
从豢养宠物中我们可以看到富足以后的人类，即部分人的心理状态，是
社会综合反映出来的负面效应。拿宠物显耀自己的经济实力，宠物的
身价人为地被标注几万几十万，如贵宾犬、藏獒，主人牵着它或拥有它
招摇过市，满足自己的虚荣心。甚至凶猛的藏獒以几百万几千万的身
价，主人让它享受豪华车队的迎、送。动物哪里知道主人在彰显自己的

豢养宠物面面观

经济实力和社会地位。当然这只是一种社会现象，人的同类也是无奈的。当豢养的藏獒挣脱看护，闯入街头小区伤人事件发生时，我们就有理由质问藏獒主人的行为。当一条宠物犬因车祸受伤或死亡，主人不惜高价索赔并诉至法院，为这种官司或赔偿往往伤害人的主权，是法律的无奈还是人的无奈？动物的生命我们完全可以看做是它生存结果的自然归宿，而人的存在的意义有社会的尊严。宠物的主人量定宠物的身价实质就是为了钱的最终目的。当然与宠物建立起来的亲密关系，不能以人为基础的感情来看待。人和动物毕竟是两个完全不同的物种，如果把宠物当做同类来共处或建立所谓的亲密感情，肯定是一个人有不正常的精神需求或生活空虚无聊的一种寄托。现代社会市场经济的繁荣，人们一方面享受独门独户的宁静安逸，另一方面又缺少人际交流和娱乐活动的生活情趣，迫使人们从豢养宠物中寻找寄托和乐趣，着实也是一种悲哀。政府应当投入和开发让人们从"笼子"走出来的生活。从豢养宠物的现象中，我们也看到许多不可思议的行为：有人把大蟒蛇也作为宠物养在家里，还有把凶残的鳄鱼、大型的食肉动物老虎、熊等等之类的也作为宠物养起来，这说明了什么？一方面是少数人的猎奇和偏执的个性使然，同时反映出的是经济条件的富足让这一部分人用刺激的方式来填补精神世界的空缺。现在热衷于豢养宠物的花样可以说五花八门，什么都有。虽然人们无法干涉部分人的癖好和行为，不过对动物来说，人类的行为对它们来说是利多弊少还是弊多利少？拿濒危野生动物来说，在野外都生存濒危了，还有人把它当宠物养起来，可能吗？如果养起来还繁殖了，这是保护呢？还是破坏？如果以经济利益为目的，同时也保护和繁殖出更多的野生濒危动物，是应该扶持呢还是打击？当然自然生态下的繁殖是最好的。而人类一方面破坏了生态环境，另一方面又用挽救的措施来人工繁殖它们，是否也是一种干涉生态平衡的行为？人类由于豢养的行为，对改变动物的习性和本能，起着潜移默化的作用。比如大腹便便的小狗，穿衣着裤的动物宝宝享受在空调环境中的生活等等，这对动物是祸是福也难以预料。长久以往随着时间的推移，润物细无声，就像野猪成为家养，有过一个阶段，豢养不是以消灭为目的，豢养的动机和目的也就是为了存续和延伸。反过来，人们对动物的豢养而成宠物，对人类自己会有何种影响，这也是不能轻视的。首先从疾病的传播看，动物有它本身的发病机理和寄生物，最明了的就是狂犬病。又由于某些接触性的发病有一个很长的潜伏期，甚至人类有些不明病因的发生我们都可以怀疑与豢养动物和宠物有关。像艾滋病本不是人类应有的病种，却在人类中蔓延和传播，严重危害我们的生命。与动物保持一定的距离和接触是必要的。宠物的主人把宠物当做同类那样亲近，快要达到接吻那样的接触，殊不知人类如此的亲密虽然不会有即现的反映，但人与人之间正常的接触，就因为有动物的介入，任何潜伏期以后的反映，人类或者说单个的某某人，如何追究源头的病因那是一个不可测的浩瀚的工程，谁也无法排除和否定豢养宠物给我们带来的弊端和危害。2003 年那场恐怖的 SARS 事件不是让我们记忆犹新吗？

现在为什么豢养宠物的人越来越多？宠物市场、宠物饰品、宠物食品、宠物行为越来越多地深入我们的领域，甚至宠物也有"流浪汉"。宠物污染、宠物收养站、宠物纠纷、宠物官司等等成为我们生活中的一部分，宠物大有发展势头。当然我们不会排斥宠物的存在，我们的城市管理也正在为宠物规则尽职尽力。除了到位的管理，我们人的行为是主导性的，富足以后的人们，如何豢养宠物应当有讲究和策略的。走火入魔那种行为是绝不可取的，并且也不是任何动物都可以拿来当宠物饲养的。在建设物质文明和精神文明的社会中，我们对动物施以文明和理性的管理喂养，不能简单以爱心的发挥而认为也是一种慈善行为。

豢养宠物面面观

其实许多宠物成为流浪猫流浪狗,恰恰说明宠物的主人缺少爱心,把自己的心肝宝贝弄丢了,能用绳子没有系好来开脱吗?再则在小区里有人爱心陡生,收养大批的流浪猫流浪狗,混杂在一起生存,给环境带来较大的影响,除了收养人有足够的经济能力外,还能用慈善、爱心来表达人们的敬意吗?我们承认宠物和人类有一定的交流和沟通能力,和主人朝夕相处有一定的依赖性,但我们也可以为此分析和理解,这种依赖性恰恰是宠物的主人干扰了动物的生存规则,反过来人类在动物身上转移精神寄托也是一种变异的行为。一般动物的自然寿命也就在十几年,十年以上的宠物已进入老年状态,宠物也会因生理原因而进入衰老死亡,有的主人还因此影响到自己的情绪,感染悲伤和分离,让人与不同类的物种享受精神平衡,这不是老大徒伤悲吗?人类可以帮助遇险和受到伤害的动物,但同样必须尊重和遵循动物自然生态环境中生存的原则,不要好心办了坏事。

人类大规模的建设和对环境的改造,在一定程度上破坏了原始的生态结构,比如对森林无节制的采伐,对大片植被和沼泽的改造,对大江大河的截流,南水北调,人工河湖的开挖,过量的开采和碳的排放……都对大自然原生态的环境产生了巨大的影响。动物生存的领域在不断缩小。

从宏观的角度来看宠物的豢养，似乎也在扩展动物生存的领域，在科学作出评估的同时，我们不为宠物所左右，以人为本的理念始终是我们的宗旨。豢养宠物有利有弊，有得有失有爱也可有不爱，和谐共处共存，而提升人的情操，却是人类自己分内的需求，和宠物不搭界。可是不搭界却偏偏有联系，不搭界是物种的原因，搭界是因为人处在食物链的顶端，也是"食肉动物"。

2011 年 4 月 15 日京哈高速公路上发生五百多条准备运往东北供人食用的狗，被爱心人士的阻拦。媒体作了充分的报道和各方面对此事的解读。当然最后五百多条狗被爱心人士收买，豢养或救治是福是祸没有实际意义。狗与人的生活习性和要求是两个物种之间的关系，法律的介入也是以经济目的的解决而了结。人还得吃该吃的动物来维持自己的生存，动物也必定以自己的繁殖方式来择取食物。但人的经济活动或多或少地导演了动物的生存习惯或规则，从生物进化论来看不是一万年、十万年能得出结论的。假如一百万年以后，人类科学家说：由于当时人类（2010 年吧）对宠物的溺爱和训导，使它们的进化大大提前了。现在猩猩已学会了简单劳动，大熊猫开始沾腥尝荤，猴子的尾巴也短了三公分……这样的结论会不会是事实，又会对地球和人类社会产生怎样的影响,我们不敢妄加猜测。不过人类豢养宠物的事实,已经影响和正在改变我们的生活,保护动物和豢养它们当"儿子"或"宝贝",并且介入人类社会的法律法规,我们对豢养宠物面面观也只能提出一些分析和意见。当然以人为本是前提,否则本末倒置违反生存规则,是要遭灭顶之灾的!

养生、保健
和生命

发展经济的目的,就是要丰富人类的生活内容和提高人类的生存质量,这也是经济发展要回答的最终的一个问题。有人把经济活动中最重要的问题归结为人才的竞争,那人才又是怎么体现出来的呢? 如果我们把一个成功的女人理解为她养育了一个成才的儿子,那么我们可以把这个成功的男人或者说男人的成功用三个可以量化的标准来看看,这样对男人和女人我们都可以有一个基本的回答。女人为什么成功了? 因为她不仅漂亮而且还有一个成功的儿子。男人为什么成功了? 因为有三个方面可以为他证明:一、仕途,通俗地说就是当上了干部,也就是做官,百里挑一当上了公务员。对男人来说这不仅是欲望、理想,也是事业。杭州有个六和塔,十三层,越往上面积越小,在十二、三层能容纳观景的人就很少了。因此谁也别指望做官做到中央去,能在六和塔的二、三层,七、八层转悠转悠已不错了。即可谓理想远大,脚踏实地。从男人的成功来说,每一个上得楼去而不往下掉的,都可称为成功的男人。二、"钱"途,钱是每个人享受生活品质离不开的东西。当然比尔·盖茨只有一个,即使能排上福布斯富豪榜 500 强、10 000 强也是人堆里的凤毛麟角。我们都不要奢望榜上有名。其实你有十万、一百万……都是属于有钱的人了,当然不欠债、够吃够用也是一种生活方式,你属于以上哪一类都不要去攀比,让自己融入到一个知足、满足、适宜的生活方式中即可有一个良好的心态,这也都可称为成功的男人。三、年龄,不管你仕途有多远,不管你钱财有多少,归根结底你能活多久。活到八十岁、九十岁……你也可以说是一个成功的人。从量化来说,年龄是个硬指标。如果一个叫花子他能活到八十岁、九十岁……你不得不承认他也是一个成功的人。经济发展的结果,许多国家和地区也都是以哪个地区人们平均寿命的折算来显示的。我国解放前的平均寿命只有 36 岁,杭州现在的平均寿命已达 81 岁多。

当然拿以上三个量化的标准来衡量一个成功的男人或者说男人的成功,在和平年代具有普遍性。对于例外的现象我们要从生命存在的意义

养生、保健和生命

和价值去认识。比如以身殉职的、见义勇为的、英勇牺牲的等等,这是另一个范畴。

改革开放三十年来,我们都处在同一个起跑线上。我们不能埋怨不公平,努力和机遇人人都有。只是在成功可以量化的标准面前,我们用怎样一种心态来理解自己。官运亨通的做到厅局级,因为贪腐渎职等问题被革职查办,不能列为一个成功的男人。钱财滚滚即使有千百万,跳楼投江了也不能算是个成功的男人。你是七〇后、八〇后,因为没有把握生命的航程,不管何种原因离开了人间,你都与男人的成功无缘。当然你即使平平淡淡,处在三个量化标准的最低点,你还有成功的机遇,至少你要活过那个地区平均年龄的最高值,杭州必须 82 岁够本,你还能称为成功的男人。因为仕途、前途也都要建立在年值的基础上。那么人的长寿是怎么得来的? 每个人应当是自己最好的保健医生。你不会开药方不要紧,你不会做手术没关系,你能看懂药品的说明书,你能找到合适的医科就行了。当然养生之道,生命在于运动,保健营养等等,各有千秋,各有说法,各有经验,说不完道不尽。我认为最简单明了不过的有以下几点:一、长寿者有遗传因素和优势。这是先天的,是生物进化论的基础。我们对生物界为什么要搞选种育种? 人也一样,父母以及长辈一代的长寿是下一

养生、保健和生命

代的借鉴,你想不要都是不可能的。有人把这个比例确定为人生百分之二十左右的自然优势。二、成人前良好的体质基础。农村有句谚语:苗好半熟稻,就是说好的种苗即使不用肥料和管理它,也有一半的收成。人也这样,成人前体质的好坏对今后的生命历程起着很大的作用。也有人断言:三岁看到老。三、有良好的生活习惯。比如一辆汽车,良好的驾驶习惯,细水长流的日常维护和保养,就是这一辆车使用寿命的决定性因素。人也相似,吃荤吃素都不是要紧的,你若能像这辆车一样被维护和保养,在同样的环境下生存,寿命长短不言而喻。四、心理健康。这需要有综合的文化素养,有哲理的思维方式。人在这方面的差别很大,掌握自己的生命历程不是说说而已,每个人有个生理年龄,同时还有个心理年龄。心理年龄从精神状态中表现出来,反过来影响生理年龄。一个人见老不见老主要看心理年龄。五、有个和谐的人际关系、家庭关系。六、没有意外和不得致命的疾病。这一点可以用宿命论来安慰自己。既来之则安之,听天由命,豁达开朗。这其实也是心理健康的体现。文化欠缺的人会用迷信、天象、宗教等等方法来告慰自己或别人,这也是一种获得心理健康的方式。我认为上面六点是人长寿的主要途径。至于哪一点重或轻,比值如何,每个人都可以有侧重和倾向,因人而异。八〇后、九〇后……大家

养生、保健和生命

都在一个起跑线上，你想成为一个成功的男人还是一个成功的女人，大家机遇均等。当然这里也不是仅仅寄托八〇后、九〇后，八〇后前面的我们同样需要人文关怀。记得有一句常常博得我们开心的话叫"减去十岁看现在"。减去十岁意味着什么？人们常常感叹，假如我再年轻十岁，就是说我什么事都可以再来一遍，肯定会做得更好。事实上谁也不可能平地起高楼，额外得到十年的经验和教训，只能从心理上来理解和认识，为时不晚，亡羊补牢只要有觉悟、有认识，任何时候努力和争取都是一种积极主动的态度。向钱看还是向前看？一字之差，心理心态就是十岁之差。

为什么道理人人都懂，碰到自己头上就不懂？现实中我们常常可以听到、看到一些不得其解的人和事。列举一二，茅于轼教授为一个LV包还是一个仿制的LV包感到困惑。有人愿拿上万元钱去买个LV包挂在肩上。而小偷绞尽脑汁不择手段偷得这个LV包时，把包里（也许是一些证件）该掏的都掏空了，也许他认为没有值钱的东西，就把价值不菲的LV包当做垃圾扔了。当然这叫不识货。可我们真正识货的有多少人？赝品还是真品都要让专家或内行来鉴别，人们都有这个机会和可能吗？有个故事说一个姑娘向富裕的女朋友借了一条价值不菲的项链去出席一个舞会，结果弄丢了很是内疚。这个姑娘花了十几年的辛苦和积攒，把一模一

　　　　　　　　　　　　养生、保健和生命

样的项链还给女朋友时,女朋友惊讶地说那是假的不值钱。如果要列举类似以假乱真、因小失大的例子,我们身边都有故事和逸闻趣事。当然这也不是贬低对奢侈品的追求,任何人只要量力而行,不要入不敷出,你都可以追求和享受。但同时追求和享受的心态一定要正确,唯有心态才能接纳和鉴赏真、赝、假品质带给我们的愉悦。

减去十岁看人生,只是一种心理安慰,实际上谁也减不掉。文怀沙不是减去十岁,而是加上十岁,适得其反。年龄是烙印,虚报或谎报都抹不掉脸上岁月的痕迹。扮老没有必要,只有显年轻,保持心理年轻才是我们需要的真实的生活态度。对任何生物来说,生命只有一次,每个人都有一次视死如归的最后时刻。生命有时候是自己可以掌握的,有时候是无奈的,必须面对的是视死如归。比如当兵打仗、冲锋号吹响的时候,前面子弹横飞你也得向前冲,这就叫视死如归。第一次坐飞机怕与不怕?怕,是担心飞机有问题;不怕,是因为空中小姐的淡定自如。空中小姐美丽年轻的生命每天在飞机上存在,我的命不会比她们更值钱,这是我不怕不担心的动力源。假如万一……这也需要视死如归的淡定。其实每个人都会有与死神擦肩而过的经历。记得14岁那年,我们在钱塘江(四桥附近)玩,与伙伴游到江心,往岸边看人头一点点,往对岸看越来越近,怎么办?往回游,回去无法吹牛说我今天游过了钱塘江,游过去也不就是游回来吗?这个时候死神并没有让我们恐惧,要紧的是让身体平稳使劲,不要因慌张引起脚抽筋。其实第一次游过钱塘江的经历使我们年轻的生命信心大增。生物界为生存而斗争,都是适者生、不适者亡的竞争规则所使。开车开出租车本身都存在一种风险,虽然你注意安全了,可别人不注意安全怎么办?那也要有视死如归的勇气或无奈。记得1995年我刚开出租车的时候,一个小县城就只有二十几辆出租车,整天与同行在车站前排队接客或打牌谈笑,相邻的出租车接连有4人遭杀戮。有一次我清清楚楚地看到歹徒问了我的车然后又上了其他人的车,第二天凌晨就接到同行被害的噩耗,我侥幸躲过一劫。这叫什么?不叫视死如归,这叫听天由命!生命有时候靠自己把握,有时候却是无奈的。当不治之症降临人生的时候,视死如归的勇气和精神,反倒使病魔退却,感化延长了我们的生命。我们周围有很多这样的实例。我们不奢望减去十岁,也不怜惜必然抹去的余生。生命的真谛和态度,需要我们充满勇气和朝气。朋友,赞同我的观点您一定能活过一百岁,这不是梦!

养生、保健和生命

进门脱鞋
好不好

不知什么时候风行起进门脱鞋的访客规矩。不说是规矩或者习惯，也算是个潜规则吧。但这肯定不是在农村兴起的，而是城里人家都这么进门的。这种进门的方式，现在也影响到居住面貌改变的农村。

进门脱鞋给人的直观感觉就是要把泥巴和细菌拒之门外。客随主便，进入人家的领地就得遵守主人的规矩。进门脱鞋的现象现在可以说在蔓延，南北方，高中低档人家都存在这种潜规则，只要居住条件改善了，室内装修渐趋豪华了，自然形成进门脱鞋的礼遇。当然读者会向我发问：你的家不也是那样的吗？是的，我是城市拆迁后搬入新居的。进入房门的前沿有一块地毯和一排鞋柜，这几乎是每家新居的设施。可是我常常违规,不脱鞋就进门了。是明知故犯,因为是在我的领地,一点小小的自由。我的理由和观点是:从楼下上到五楼,鞋底的泥巴实际上就一些灰尘,灰尘谁家没有?再则房门前沿有块地毯,把脚往地毯上蹭几下,待坐到沙发上再把鞋脱了换上布鞋或拖鞋。这是我的习惯,在家里是十足的休闲。但对来访者我都不要求脱鞋,以致来访者还以为我是假客套,忙不迭地脱鞋找拖鞋。有时候我干脆说没有拖鞋你就不进屋了?客人忙说不好意思,其实心里是赞同的。一般客人进屋大多在客厅走动,待客人们走了你再有功夫的话,让拖把动一动也算是一种活动,顺便又搞了卫生。现在社区邻里之间,楼上楼下不往来,可能问题也要归咎于这种进门脱鞋的潜规则。不是吗?我上门窜客,一想到那户人家有脱鞋进门的严格规矩,我就不打算去,有时候实在需要上门,也就站在门外,客套地说一两句话就走人了。有时候故意站在门外问主人:需要脱鞋吗?主人一看我没那么自觉也就客气地说:进来吧,进来吧!有时候进入人家,主人给我套上塑料鞋套,坐在沙发上看着鞋套怪怪的,心里总不是滋味。当然你是有头有脸的人物,你是房主的上级或是领导,主人会重视你的身份,不会让你脱鞋进门。但读者也想到:领导或重要人物上门的现象是凤毛麟角的事,上门者大多是有所求的,或者就是平等的熟人和朋友。进门脱鞋的礼节仍是潜规则。

上面我讲了一些进门脱鞋的现象，当然要透过现象看本质。进门脱鞋究竟好不好？我要说不好，也没有什么必要。当然不包括我进自己的门，进入自家的门是一种放松和休闲的状态，而起身迎客还得整理一下自己的衣冠，有必要的话还得穿上鞋子，我会因此向客人说：我不也穿着鞋子吗？让朋友或客人进屋马上就融入和谐的气氛。

当然我还有反对进门脱鞋的理由。当我们看到一个人家的门口，堆放着客人形形色色的鞋子时，占了公共楼梯本来就狭窄的空间不说，也影响了观瞻。更有甚者，客人出门的时候发现自己的鞋子不翼而飞，懊丧之情无以言表。就是把这么一堆客人的鞋子堆放在门内，大家都换成拖鞋，待散伙的时候客人忙不迭地找鞋子穿鞋子，实在也是一桩烦人的事。难道主人家那么多拖鞋，地板上就不会沾上客人臭脚的细菌吗？特别是有脚气的人，本来有鞋子裹着，主人的规矩让他脱了鞋，大家都因此闻到异味，这不是破坏了和谐的氛围吗？再则人的精神面貌还要看脚，一双合适得体的鞋子，本来衬托他的气质，你却让他光脚相向，实在也不是礼貌之举。有时候正因为你进门脱鞋的严格规矩，间接地拒绝了有些亲朋好友上门的必要，也许带给你的是一种莫名其妙的失去和损失。当然问题没有那么严重,其实进门需要脱鞋也不会有什么严重的后果。进门脱鞋究竟好不好? 有人说利大于弊,有人说弊大于利,我说无利也无弊。每个人都信守自己的生活方式,在学习和仿效别人进门脱鞋的礼节上,我们不要刻意照搬照仿,更不要让自己也形成一种默契和成为自觉遵守的潜规则。任何时候,宽以待人严于责己,这是中国人一种传统的美德。在如何看待进门脱鞋的问题上,客随主便,更重要的是主人要有待客的诚意和掌握必要的尺度,绝不要让每一位上门的来访者感到拘束,真诚地告诉客人哪怕是违心地说:我们家不脱鞋。

　　进门脱鞋对内不对外。当然你也可以在进门的地方放一块潮湿的脚布让灰尘抹去。

生活与快乐
经济学

前面我说过发展经济的最终目的，是要丰富我们的生活内容和提高我们的生存质量。快乐幸福的话题我们以往很少谈到。过去的中国经济和文化，长期倡导和教育人们艰苦奋斗，勤俭持家。我们需要这样的优良传统和品格，但是经济增长发展的终极目的是什么？

最近温州大学商学院胡振华教授会同民营企业协会、市个体企业协会，联合发布了首份"温州企业家幸福感指数"，结果显示温州商人在满分100分的幸福感测试中，平均值仅为65.3，这从一个侧面表示有钱并不等于幸福，那么怎样才能表示和理解幸福呢？人们对幸福感存在不同的理解，但往往是一个倾向掩盖了另一种倾向，一个极端走到另一个极端。因为富裕者和贫穷者对幸福的感受是两种不同的概念。金钱是幸福的一个方面和条件,没有钱的幸福感比较脆弱。中国社科院哲学研究员周国平说:每个人都要在社会上立足,但只有在内在生活光芒的照耀下,外在生活才能光芒四射。外在生活的高低,就在于是否体现了内在生活的质量。他还说:"内在生活,主要指人的心灵生活,人不光有物质需要,还要有精神需要。人是有精神能力的,精神能力的生长、实现,给人带来的满足是巨大的。我们要珍惜内心的财富,做精神的贵族。"我想这是周国平教授对幸福最好的解读。对于身临其境的我们,又是如何感知的呢? 下面我摘录几篇自己的生活日记,从不同的侧面来反映和表现吧!

2004.3.18

今天出租车在汽车东站小商品市场附近,被一个拉货的民工碰掉了车门上一块漆。下车理论,民工理亏,不肯出钱赔偿。周围人越聚越多,形成拥堵之势,无法僵持之下,我迅速驾车离去。傍晚交班的时候,老板照例沿车瞄视一遍。老板的辨色力太好了,车门上一块光泽比较鲜的油漆被发现了。老板大发雷霆,用脚踹掉了新漆:"我说过多少次了,有车损我晚上会去修理厂,你们白天不用耽误做生意。"我承认不妥。老板是杭州一运公司的五星级司机,对车辆的保洁有些苛刻。可能许多司机不愿应聘这样的老板,但我愿意开这样的车。我是个认真的人,我不愿为马虎、对车辆不过问不认真保养的老板开车。

2005.12.3

今天打车的一位江苏无锡的女子说,她在四季青一个饭店吃饭时受到了性骚扰。我不信,大白天在饭店吃饭? 我说肯定你泄露了一个女人不自然的"气息",要知道男人的色觉在这方面要比牧羊犬高明的多,不是吗? 这个着装并不外露的女人说,她已离婚了,今年三十一岁,有个六岁的孩子。她说已看透了人生。我即开导她,我也是离的,我五十多岁了也未能看透人生,你才三十怎么就看透了? 生活是充满阳光的,对生活要充满信心,要向前看。这个女人感激地投来一瞥,下车时离座似乎有点犹豫,但因为正好又有一位乘客上车,我的车启动了……后来我才想起怎就不留给她一个电话号码呢?

2006.5.15

今天在北山路不慎追尾碰到了奔驰车的后摆。我车前部的车牌号的圆形紧固螺钉,在奔驰车的后保险杠上留下了钱币大小的一个痕迹。奔驰车上下来一位正要送儿子上西湖小学读书的老板,老板三十多岁,义乌人,行驶证上显示的是一个专营体育用品的公司。我想快速处理,主动表示愿意赔他两百元走人。可老板坚持要报警，让儿子自己上学去。好不容易等来交警，开具了事故责任书。最终半个月后我收到了修理厂600元的修理单据，按保险理赔手续我实际付了120元钱。为什么开奔驰的老板要走报警、索赔的程序呢？

2006.10.24

致女朋友的短信：……爱情直奔主题也有例外吧，比如一头饥饿的雄狮，自己虽然懒得捕食，但当猎物进入自己的视野后，它也会猛扑上去，把小鹿撂倒在地连肉带骨头吃了再说，填饱肚子是本能。但这头雄狮已经听到小鹿在心里说：我愿意。

2008.7.2

今天乘我出租车的女人从文二路安全厅附近到浙工大校门口下车，估计10分钟车程，10分钟内的谈话我记录下了这个不一般的女人：这个女人是博导，当过全国人大代表，享受国务院给予的政府特殊津贴。65岁，看上去也就五十出头的样子，丧夫，家住70年代的老房子，有120平方。现在执意要退休，但学校极力挽留她继续任职。我还用得着问她的姓吗？她还说她学会了开车，五年前一次性考出来的驾照。她执意要退休是因为还要写一本书，又喜欢搞摄影和旅游。看来这个漂亮的老太婆有丰富的生活情趣。我也是快六十的老头了,假如会有第二次搭载这个女人的机会,我不妨用邪念去进攻她如何? 我闪过一丝狡黠的念头。

2008.7.7

今天是星期一。早晨我终于候到了那位女士,不过耍了一个小小的技巧。在文二路上班高峰的车流中,我在她候车的地方停下车,打开了引擎盖和双跳灯,等候了大约10分钟左右,果然她出现了。朝我这里奔来。"师傅,车有故障啊?""上车吧,小毛病。"我放下引擎盖,她显然还没有认出我。可我故作惊讶! "啊,你不正是前几天坐过我的车吗?"她似乎记起来了,"是的,是的,坐过你的车。"车上与乘客聊天也是一种快乐,并且是消磨,是打发出租车枯燥乏味的好方法。我赞赏她心理素质好,还保持那么年轻。她乐了。我还说,你看上去不就是个买菜做饭的家庭妇女吗,哪有那么厉害啊? 她笑了。我又说,你买了车我给你做车夫可以吗? 至少当一回陪驾的教练。"行,行。"她乐不可支。她是化工方面的专家。我问:"你懂政治经济学吗?""不懂。"她说。出租车快到浙工大校门口了,我说:"你有名片吗?"她爽快地给了我名片。我说,我要请你吃饭,还顺便补充了一句,我58岁,是离的。她听后没有诧异的神色,不过忘了付我车费。我拿着手里的车票,望着她走远的身影,心里想,呀,你也会慌张啊。回家后，我看了她的名片着实吃惊，名片上写着：Y 某，有八项头衔，如果她口述的人大代表算一个，教授、研究员也算上去，那么就有 11 个职务和光环。

2008.7.8

我给她短信说在老地方接送她上班。她回短信说：（一字不差）您什么意思啊？我上班没有固定时间，为什么我要听你在老地方见面，您不觉得很可笑吗？我当过全国人大代表，对任何人都是很热情，请您千万不要误会。好好做生意，好好生活。——Y

短信回：（原文）你首先是一个女人，然后才是一个教师。那些"帽子"（头衔）都是吓唬老百姓的，对生命没有用处。特别是吓走了喜欢你的人，请不要和陌生人说话太多，特别是泄漏丧夫这样重要的信息。

短信：谢谢！我发誓，从今往后，我坐出租车再不说一句话。——Y

当然我还是发给她最后一条短信：纯属偶然，早上出门，上帝给你找来一位车夫。车夫有心理术，Y 大妈晕了，什么意思？我没想过要找保姆啊！是的，荷尔蒙不再支持幻想。我相信，在业内您又红又专，但在业外您也非博，名片上很多"帽子"是衍生物，戴在头上生活不累吗？还是退了吧，留下教授足也。我是非常敬仰您的，您平易近人，极具亲和力。我们层次不同，但在年龄上是一个档次，要给大妈上心理课是"牛话"，翻译过来,请大姐什么时候去喝杯茶,就是这个意思。

我今天把生活与快乐经济学有机联系在这里,Y教授如果能有机会看到,我想这也可以是一次愉快的回忆。生活中这样的情趣也不啻是一种快乐。

2008.7.15

郭齐勇(武汉大学哲学系教授)

郭教授说:学一点人生智慧,火要空心,人要忠心。传统文化具有草根性。张艺谋的《黄金甲》,郭教授说看不惯。现代文学创作的电影多迎合一些年轻人网络游戏的情趣,这类电影的特技、音响、格斗、情节基本上与现实生活真实脱离。郭教授说看不惯,而我是连电影院也不进的人了。票房值表示一个大片超过一个大片,不说广告效应,它至少没有哄我们这一类人进入电影院,能说成功吗?电脑、手机、网络的普及和发展,使现代人写信、作文都离弃了,文学进入了低潮。鲁迅、茅盾、巴金这样的文学大师如何再现? 还有马列毛泽东的著作有多少年轻人在研读? 这是个现代社会的新课题,值得我们深思。

2009.1.29

人生和写报告一样,不必太求完美。俗话说:人活八分饱,花开几成艳。欲望不可太高,高不可攀则难免泄气。人不可太要强,生活无需太美满,盈则亏,满则溢。别人的嫉妒,自个的不如意,也随时会发生。不用与人争奇斗艳,留个美好的向往和悬念,何等潇洒和自在。所以为人在世,后退一步,留有余地。恰如吃饭,只要八分,就会回味无穷。想着下顿,幸福一生!

2009.5.23

韩国前总统卢武铉,今天早上在他家乡附近的山崖跳崖身亡。他在遗书中有这样几句话:"……生和死还不是一回事?"把生和死看作一回事,卢武铉是这样认识的吗?遗书就是真实的反映。生(活着)是有梦的,会做梦。死是没有梦的,是不会做梦的。人生短暂,人生如梦。也许活着也是一个梦。假如从地球的45亿年前想过来,再从宇宙的深处想下去,活着,梦会更深邃。掐一下自己的人中,揉一下自己的眼睛,确认是否活着。当然人活着要做事,要创造性地工作。死了,就是永远的消失。想不到卢武铉也有那么庸俗简单的生死观。人活着不平等,在死神面前人人平等。死是一种解脱,也是一种逃避。换句话说让死来承担,无疑是把责任和痛苦抛给活人。让死亡来结束余生,也无疑是一种懦弱的行为。

2009.10

今天出租车上来一男二女（是大学生吧），两个女生好奇地问我："师傅，您开车为什么要戴手套啊？"我扬了扬白手套，也反问道："为什么总有人而且是姑娘问我这个问题？好吧，我回答你们。姑娘，你们不知道男人的手一是脏二是不老实吗？他们的手不洗是坏习惯，他们的手也总是喜欢东摸西摸的，你们没摸过男人的手吗？"男生懵了，女生一脸惘然。我连忙解释，我是说我们开车的手总是摸着方向盘，挡位，还有进进出出的钞票，有时候饿了还要摸点小点心，你们说我的手能不脏兮兮的吗？是，是，他们连连说是。现在你们理解了吧，我们为什么开车要戴手套的道理了吧。他们三人异口同声地说：师傅，您有道理。

武大郎潘金莲
故事新读

　　武松、西门庆牵涉其中的武大郎与潘金莲的故事，在中国可以说家喻户晓。北宋末年离我们现在才八百多年，可谓几个爷爷的爷爷手里的事。八百多年前的封建社会和我们现在社会的人文意识已不可比拟。但就考古的真实性来说，宋代年间人们的文字功底要远比我们好，苏轼、王安石等为代表的古文、诗词等等，我们望尘莫及。至于从爷爷的爷爷那里听来的故事，类似茶馆那样的书场，是旧社会以前最广泛的传播途径。武大郎和潘金莲的遭遇真实可信。封建社会女人必须三从四德，在我们今天看来却是必定要改变的现象。虽然八百多年前不可能有影像和图文资料的留存，但是有许多事情都是靠民间的传说一代一代留下来的。就是现代社会,即使有影像资料,也不能否认民间传播的作用。比如"文化大革命"的许多事,我们的后代一般不会从文字和书本中去体验感受,他们最有感觉的是直接从父母那里听来最真实的描述,爷爷的爷爷就起到了这个作用。潘金莲和武大郎的婚配,在今天看来,就是在那时的社会也是不般配的一对。武大郎既不优秀,也没有一般人的身材,潘金莲若没有西门庆的出现也可能就三从四德了,问题是西门庆被武松打败了。故事由此衍生出许多看点,特别是武松和西门庆演绎出中华武术的巅峰对决,让我们的看点达到了高峰。同时我们也认可故事主人公有追求自由和幸福的权利。潘金莲和武大郎的撮合不是不可能,只是武大郎艳福很浅。在现代自由婚姻的主题下,郎才女貌才可以撮合任何一对情侣。我们所说的郎才女貌具体一点说也叫门当户对。那么郎才是指什么? 就是说男人有什么优势可以吸引女人? 郎才是指男人,我认为男人可以分六等,男人都可以从这六等中找到自己的影子:首先以好男人为例,我们都自喻自己是好男人。三好男人是次级,五好男人是上级。三好男人有陋习,五好男人比三好男人多一些优点。当然三好、五好不仅仅是字面上的理解。三好、五好可以延伸出很多优缺点。比如拿偷骗庸懒散吃喝嫖赌吸这些男人最不好的陋习来说,这十个字你沾上五个以上可以说明你的性格脾气肯定不好，一个字都不沾的你肯定是有文化和修养的男人，因此三好是不够的。但只有三好，女人也只能认命了。女人自己说嫁鸡随鸡嫁狗随狗，我们说男女撮合，硬件不求完美，软件可以慢慢磨合。三好至少有磨合的基础，家庭还不至于破裂。五好男人是占男人大多数的群体。五好男人优点多，人品也好，是主流。这时候男女撮合主要看般不般配，也就是说不仅门当户对，也要从夫妻相来看是否合适。这种婚姻和家庭因为基础好，所以今后产生的矛盾也小，是社会稳定的主流。前面我说了三好男人是次级，五好男人是上级。那么比次级差的男人就是偷骗庸懒散吃喝嫖赌吸等等都沾有不良习气的男人，这种男人虽然还没有达到判刑坐牢的程度，但这类男人对婚姻和家庭组合都是潜在的威胁。沾有那么多坏习惯的男人肯定对家庭没有责任心，人品、道德都存在问题，女人若撮合与这种男人一起大多凶多吉少。当然比这类男人更糟的就是会杀人放火，走极端的必须坐牢和枪毙的男人，这是第六等男人。这种男人大多是从坏男人转变过去的。人总是这样：学坏不要教导，要学好总是苦口婆心，难也。五、六类男人虽然占社会人口的极少数，但这类男人兴风作浪的能量不可低估。他们对社会的影响和危害很大，公安负责社会的安定和太平，对其必须打击和清场。

现在我们来谈谈优秀男人：做个优秀的男人并不难，只要在五好男人的基础上看看自己有没有以下三个特征：一、要有肌肉和力量。体格健壮，匀称，富有男人特征。二、要有意志和品格。男人要对工作执着，对生活热爱。三、要有知识和胸襟。男人要有知识并不是要有高的学历和什么头衔，男人要知识渊博，懂事理，能吃苦耐劳，能退让，能宽以待人严于责己。男人有以上特点无疑是一个优秀的表现，并且这种优秀是内在的、本质的，不是庸俗的、做作的。我曾在电视节目中看到有个浙江大学的男硕士生，脸上长了一大块兽皮。如果长在一般的男人脸上，似乎是一个无法弥补的缺陷，不仅心理上，对今后的人生都是一个不小的打击。但是这个浙大男生具有优秀男人的品质，他借钱在医院做了手术后去美国留学了。这样的缺陷无妨他内在的优秀。因此我们还可以肯定残疾人也能成为优秀男人，而1.80米的男人未必能成为优秀的男人。女人怎么看男人？男人的优秀可以赢得女人的芳心。我们常说女人似水，水能倒入任何一个容器，不管你这个容器是高是矮，是大是小，是胖是瘦，女人只要说我愿意，就是男人的成功。优秀男人是不多的稀缺资源。因为你有钱有地位有身高并不能证明你优秀。女人以身相许，都希望找个优秀的男人，特别是有品味的女人不希望被庸俗的男人左右。因为女人知道嫁个百万千万的富翁不意味着带来幸福,只有优秀的男人才可能依托终生。当然优秀的男人不会一无所有,不然优秀没有价值了。最后我要讲极品男人。极品男人是个什么样的男人?就是无可挑剔的男人。要说优秀男人美中不足,极品男人就是优秀男人的补充,比如加上男人合理的身高,有一个家庭背景的优势,这类男人是社会的精英。女人一般可遇不可求。假如社会都由这些人组成或成为主体,那将是一个什么样的社会?面对这样的男人做女人真好,那是真的好。

说过郎才,现在就说说女貌吧。女人其实只有两类。一类是漂亮的,一类是不够漂亮的。没有男人那样可以分出六个等级来。当然你要说有优秀的女人,女中豪杰,女强人等等也可以,但正因为女人恰恰有这样的优秀反而使男人望而却步,并且这也没有可用优秀的标准来衡量。她们在男人面前只有漂亮或不够漂亮之分。况且漂亮和不够漂亮,在男人眼里有各种色素和感觉。女人的性格脾气也融入在漂亮和不够漂亮中,是一个让男人喜欢或不喜欢的内在的因素。比如说她虽丑但很温柔,也是一种漂亮,人的感觉是很厉害的。例外的现象即谓情人眼里出西施。历朝以来夫唱妇随,而不是妇唱夫随。女人的可塑性是男人决定的。因为女人是水嘛,即使最坏的女人她若能嫁给优秀的男人为妻,就会被男人引导和感化。男人若不好，就成夫唱妇随了，因此女人天生没有坏的本质。相反男人若娶个富贵人家的女人，他或许借助浮力走在正道上，也或许是一种怂恿，会让他走向歧途或没落。因此男人的本质决定他的可塑性要比女人来得小。妇唱夫随是少有的事。现实生活中女人也确实存在漂亮与不够漂亮的区别，但她们都会有自己的特点和姿色，在男人面前，男人的审美观和喜好也各不相同。男人有喜欢女人脸蛋的，有喜欢丰满的，有喜欢娇小玲珑的，有喜欢身材的，个别甚至喜欢女人某一个部位的，比如女人的大眼睛、圆熟的臀部、高耸的胸部、修长的大腿、白皙的皮肤等等单项的观点。因此我们认为女人都可以嫁出去，唯有男人因为被淘汰会进入光棍的行列。剩男剩女不是终点，男光族也不是一个简单的归属，如果社会学家有兴趣的话可以调查男光族的来龙去脉，会有很多故事。

　　潘金莲武大郎的故事是一个典型的个例，因为像武大郎那样的男人也实在不多。当初潘金莲愿意嫁给他，和现在贪官老板包二奶三奶比起来，也算不得什么。男人最需要也最喜欢听女人说：我愿意，但愿男人的承诺不要使女人失望。

试试治堵良方

治堵良方其实就在我们的盲区中，人们都看得到认识得到，只是不愿触碰它，因为它与我们的利益联系得太密切了。会得罪人吗，那我来说吧。

从汽车的保有量来说，我国还远不如美国和日本，但从城市道路的行驶状态来说，拥堵现象使各大中小城市叫苦连天，并且这种拥堵状况随着国民经济收入的提高，还将不断加剧。美国、日本、英国等国情，虽与我们有所不同，但他们都有自己独到的管理办法，我们照搬照学，收效甚微。为什么我们就不能设置和采取适应我国国情的、独到的办法和措施来缓解行车难问题？现在各地都在拟定限量发放车牌和收取拥堵费等办法，收取拥堵费是一个办法,但它要真正实行起来又困难重重。经济学和经验早就告诉我们:价格、税收、利率都是政府可以采用调控的手段,银行利用利率来调控货币流通,不断地用、频繁地用,对经济形势进行调控。税收在印象中,是政府合理合法的收入来源之一,这种收入对政府来说有多大需要,这里也不去理论它。但政府利用税收作为调控手段,却是一个措施和办法,也经常在用。在慎之又慎的形势面前,重庆酝酿开征房产税,上海等地也在筹措之中。开征房产税无疑给炒房、囤房等一批投机商一记重拳,但它面临很多问题,在这里我们也暂且不去谈它。

本节中,我要重点利用价格作为杠杆,来试图解释一些现象:价格融入市场经济后,成为企业与市场之间的联系,政府很少干预。但价格作为杠杆,政府有责任和权力应当好好地利用起来。比如:老是用油价和国际接轨来频繁地调整,仅仅是调整,也老是不到位。滞后、变相提价等等,民声也不怎么好。为什么就不能大胆地用油价来调控消费和城市拥堵、公路收费怨声载道等问题?

实际上汽车消费也存在着公平不公正、公正不公平等现象,高档车目前不存在诸如开征房产税的忧虑。如果划等号的话,高档车消费和别墅、房子一样,国家也有理由可以开征税收。高档车消费,开不开征税收我们不管它,但高档车的使用和消费存在不公平现象,比如在拥堵的道路中,为什么你十万元左右一辆的汽车和我宝马、奔驰占用同样的面积在道路行驶中受拥堵之苦? 问题症结在哪里? 就在油价:宝马、奔驰车主宁愿油价在 20 元一升(打个比方)也不愿受拥堵之苦。当然这时候十万元左右一辆的车主,也会在这个时候同时声明,在如此拥堵的行列中,我宁愿用高油价来给我引导,让我冲出重围。当然在现实生活中,这种公平不公正无法平衡,大概这也是收取拥堵费的由来。车主事先知道哪条道路要收取拥堵费,只要拥堵费在我的忍受范围之内,我仍可以前往。如果大家都不顾及拥堵费,那么拥堵实际上还在发生。如果我不是经常跑这条路,偶尔一次,大家都侥幸偶尔一次的话,很多个偶尔一次撮合在一起还会拥堵。

消费本来就存在着贫富差异和不公平,这是现实。为什么油价就必须低、必须公平呢? 如果政府利用油价作为杠杆,正是可以采取的手段。买十万元一辆车的车主,他不是不能消费 10 元或 15 元一升的汽油。假如油价定格在 10 元一升,我们可以想象:低档车的车主(当然有很多钱的老板也在开小排量的车),他就要考虑出行的次数,特别是拥堵路段的行驶,他要节油节钱,自觉不往拥堵路段钻,当然有急事,他仍可以通过"拥堵"

路段，我缴拥堵费嘛。但因为有高油价的前提，拥堵路段可能不再拥堵。第二，小排量的车（低档车）他出行要考虑经济效益，我一人一车肯定不合算，我要三人、五人同时出行，以求得经济最大效益化。这样无形中马路上行驶的空载车现象会大大减少。为什么？就是有高油价挡道。高档车为什么能出行？首先他有财富，他愿意消费，高价油让他的消费更显酷，这不好吗？如果高油价不配宝马、奔驰，他把宝马、奔驰降格使用，把一百万元减到十万元一辆的车，这差价够他通过无数个无数天的拥堵路段有何不能呢？这也叫市场调节吧。

我买不起车，我无法忍受高油价，我就乘公交、地铁，骑自行车还不行么？我有能力买宝马、奔驰，可消费不起高油价，那就买个十万元的车，你比真正只能开十万元车的车主，至少还有九十万元的油费储备。治拥堵用提高到一个合适的油价来解决公平不公正、公正不公平的出行关系，只有政府出面才能协调。这会触犯众怒吗？国家垄断的优势利用起来，解决拥堵问题有何不能呢？你有开征房产税的勇气，就没有提油价的胆量吗？当然油价取之于民还之于民。国家的钱为老百姓办实事办好事，福利多多老百姓会打心里高兴。你把收费公路统统实行免费通行了这不好吗？当年养路费与油价搞费改税困难重重，多少年搞不下来，现在，恐怕人们早把养路费都给忘了吧。当然养路费在油价中，如果高速公路通行费也在油价中，有车一族不再往拥堵路段挤，双休日好好用车跑高速、跑长途，那才叫享受和旅游，所有收费路口都成了服务站、监督站，我想公路超速、超载等事故现象也会大大降低。收费口的纠纷不再发生，换来的是实实在在的服务，政府何乐而不为？当然因循守规的不少人会反对，或提出很多理由，但我们知道办事要面面俱到有时候也是不可能的，改革也是在不断的摸索实践中慢慢成熟和完善的。我在这里提示一下油价作为可利用的杠杆作用，希望能得到有识之士的赞同和重视。

其实我们的油价和行驶性价比太低。我们出租车常用几毛钱一公里来计算营业收入。按照目前的油价仅 7 角一公里一人一车，小排量的车更低，我在开的大众 2000 型每公里仅需 5 毛钱。一般小车在市区行驶 2 公里上下班，就是堵车也仅需 1.4 元油钱，如果满坐每人分担油钱仅 3 角钱，远远比乘坐公交车要低得多。因此私家车用车烧油无需顾忌。我们现在的油价是含税即养路费在内的油价。油价和国际接轨，按照我们的国情油价还是严重偏低。拥堵不解，油价再升，按我们的国情来合理地确定油价。为什么我们其他东西不与国际接轨，偏偏油价要与国际接轨？

这种接轨没有必要，也不靠谱。人家收入高，生活水平高，现行的国际油价对他们来说就像我们的水价，他们面对如此便宜的油价，也没有发生比我们更严重的拥堵现象。如果国际油价涨到 150 美元或是跌到 60 美元，我们又接不接呢？

2010 年 2 月 23 日广州拟行对公车私用收取每公里 1.5 元的管理费（实际上就是油价，如果行驶每公里需 1.5 元，现在的油价应该在每升 15 元左右）。公车名正言顺地私用，如果过路费、车辆维修费还能报销，那岂不是变相的腐败？还有河南 368 万元天价过路费的披露，也反映了我国公路收费存在诸多问题。高速公路收费是发展高速公路的必要措施吗？国外不收费的高速公路又是如何搞起来的呢？

操控油价调控行车和拥堵，还可以打个比方：星级宾馆谁都有能力入住，包括 5 星级的，但谁能经常入住就有一个实力的弹性作用，实力是社会存在的合理现象。正因为油价与车行驶的性价比低，我有车一族才没有顾忌频繁地用车，客观上制造道路拥挤现象。如果在高油价面前，我有车一族就要考虑用车的需求，减少用车的频率，这实际上就是解决道路的拥挤问题。

依油价调控每辆车的行驶能力，能自觉地表现在公路上，你行驶的需求、时间及里程。利用油价为杠杆:从宏观角度来看市场,油价和车市影响不会大,油价却和行车关系十分密切。中、高档车的车主大多不会看油价来购车,他们根据自己的经济实力来选车,因此油价调高或降低是公平行为,不影响他们购车的兴趣和计划。油价和用车,即行驶有着密切相关的利益关系,特别是大多购买中、低档车的家庭,他们要考虑用车的经济效益由此来决定买车或使用频率。现在相对几百万元一套的住房抢着买,和区区几万元一辆汽车比起来,买车简直就像小菜一碟。当然过日子每天要消费,一辆小车能看能用,油价肯定影响你的使用频率。在高油价面前你必须赚更多的钱。

当然我提出利用油价治拥堵,不仅仅是这一方面的问题,以前搞费改税,现在可以费改油,即:将公路通行费,七七八八的管理费、停车费,还有油价行驶性价比,汽车消费能力中的公平不公正、公正不公平的问题等等,政府用提高一个适度的油价来进行调控,并且这操作起来也不难。老百姓应该是没有什么损失,实力不够的车少开一点,实力好的多开一点,像西欧那些国家,人们并不以有车有好车为荣,他们还多用公共交通工具为日常出行的方式方法,我们不可以借鉴和学习吗? 其实我们也在向这方面努力,只是没有这方面更有效的措施和辅助。

老百姓买车是需要也是享受，人们根据自己的经济实力，享受不同的礼遇无可厚非。中国人虽然没有全部学会用明天的钱在今天花（消费），但今天有钱今天就花掉，却比外国人更有过之而无不及。因此我们不必担忧提高油价会影响汽车市场。但对营运车辆，比如出租车来说：你十元十五元一升的油让我怎么开？不急，政府肯定会采取措施，比如凭证购买低油价，或者给予一定的补贴（这种补贴不是现在还有吗）。

在市场经济面前，出租车也会有一个变革的过程（破除现在的经营模式）。总之对营运车辆和某些特种行业，国家可以根据不同的情况采取行政或其他干预措施，边远地区、欠发达地区、发达地区也可以实行不同的油价，甚至97号98号汽油可以专配高档汽车的特别油价。还有一点可以肯定，在高油价面前，乘出租车、公交车的人群会大大增加，出租车的生意不要太好哦。办法总比困难多。面临日益严重的堵车现象，修路永远赶不上汽车的增加。收取拥堵费，实行限量上牌，实行单行线、单双号、禁行线，提高处罚力度等等，都不能阻止车辆的增加和行驶。用提高适度的油价来调控，不可以试试吗？现在有人对我国的低粮价提出了质疑，那么现在奉行的低油价也是否可质疑呢？粮价是生活必须品的要求，而油价是消费品的体现。同是低价有不同的需求和社会理解，一个是可再生资源，一个是不可再生资源。调整低油价有充足的理由，消费品可以有弹性支配、弹性使用。粮食作为必须品重要的是增产和有储备，价格只能是刚性需求的一个要求。

后记

我是一个出租车司机。在历经早出晚归的十五年后,于 2010 年 5 月退休。退休后的夙愿,第一个是上了一趟北京,第二个就是着手写这本书。为什么要写这本书?我受到了两个启发:(1)我每次走进新华书店练站功的时候,都发现写书已不是名人和作家的专利,新华书店里五花八门的书,什么题材的都有,并且写书的什么阶层的人都有。如果其中有一本书是我写的话,也不会让人感到惊讶。(2)我看到了茅于轼教授写的《生活中的经济学》,把它买回了家,通读以后,觉得茅教授写的大多是美国的经济现象,我何不写一本中国版的《生活中的经济学》?就叫作生活里的经济现象和问题。受到这两点启发,我开始酝酿动笔。当然这不是写小说剧本之类的。三十多年前我曾写过一个电影文学剧本,电影制片厂来过两封信,说"拍电影、电视剧经费不足,需要寻求支援,如果你有钱或找个有钱的单位资助的话,我们可以把你的本子推出去,资助单位以广告相赠"。事与愿违,我是听说写个电影剧本会有两三万元的稿费,是冲这稿费才写的,怎么还要我掏钱?这不是蚀本生意吗?不知哪个作家说过,要先挣饭钱,然后再搞写作。对啊!我还没解决温饱,还在绣地球,算了啦。但现在退休了,有的是时间。在受到两个启发以后,我还受到两个激励:经济学界有个梁教授,1943 年生,经济学硕士,曾任北京商学院的教授。他在他的书的前言中说,他已老了,像他这个年龄已不适应经济学方面的研究了。哎,怎么能说老了呢,才 65 岁,正是学识、经验极其丰富的年龄段,梁教授退缩了。我也 60 开外了,这无疑给了我当头一盆冷水。但是,我在看了茅教授写的书时,从他的简历中知道茅教授已八十多了,在中国社科院退休后,创办了天则经济研究所,从事中国经济改革开放前沿问题的研究和探索。我非常敬佩茅教授的敬业精神,恰如一股暖流从我心底升起,这是一种多么巨大的激励!现在我经济方面已够吃够用了,不再为稿费而计较得失。当然我也有自知之明,写这类书不是文学创作,可以随意发挥想象空间。经济学界有无数著名的经济学家,只有他们才最有权威发表见解。像我这样开开出租车的司机，怎么能和他们站在一个讲台上发话？幼稚的言论很可能会从我这个下里巴人口中出来。当然我的动机不再是稿费，是一种业余的消遣罢了。

　　生活是一种积累，是一种经验，也是一种幸福。人们常常把出租车司机的工作看成一种高强度的体力劳动，还是一种精神高度集中的脑力劳动。我不以为然，我热爱自己的出租车工作，觉得是一种老板出钱我旅游的行当。2000 年以前那个时候，老板好多还没有私车，他们包我们的出租车到各地去谈业务和公干，我们赚钱的同时还游览了许多地方和景点，这不是一种享受吗？要说是精神高度集中的脑力劳动，我奇怪，在出租车空驶的时候，我常常开小差想其他事情，如经济现象问题，出租车却稳稳地行驶在该行驶的路段上，没有什么事故发生。这从生理上来说，与为什么梦游的人他不会碰壁而照样来回自如，是不是有同样的道理？正因为有十多年的出租车经历，我与无数的乘客天南海北地聊天，他们来自中国各阶层，在那么一个狭小的空间，交流是很自然地展开的。从谈话的方式和内容中可以窥知一个乘客的身份和地位。比较健谈的我，能非常自如地和每一个乘客交流，从各行各业、各个阶层人士的交流中，我获得了写书的很多素材。这是一个作家和当领导的官员难得体验的实践。在出租车这个空间，大家无拘无束地谈话，是你在办公室、酒吧、茶座等地方无法得到的。

现在社会上写这类题材的书和人不会很多，一则需要很多资料和数据，而这是我非常欠缺的，手头只有每天一份《钱江晚报》搞点摘录。二则涉及经济、政治题材的写作比较枯燥，用功利眼光看，收效甚微。有朋友说你可以上网写博客嘛，博客能快速地播发你的观点。很遗憾，我到现在还没有接触电脑这玩意。许多沉浸在网络中的年轻人、成年人，都在玩电脑游戏。我不想上网以后也成为游戏专家。再则我想，电脑再灵，它也要人脑去支配，电脑不会创造我的思维。我那几万字的思维怎么复印到电脑中去？我实在难以企及。我心态比较好，我不会指望这本小书有什么收获。也许经济问题"家里"有大人管着呢，老百姓管得了吗？空闲之余我在构思小说剧本之类的创作，这可以灌进十打十的功利主义，有利而无弊。老有所为何乐而不为。电脑要学会使用，但我不会变成网虫。写作是中华文化的继承，还需要从电脑中解脱出来。可孙儿一辈从不使用笔墨，我忧。今天我写这本小书，篇幅不大，但内容和题目我想不会比新华书店陈列的七八十万字的经济学入门书而逊色。我和茅老有同感，很少引用别人的话来写书，要用自己的头脑和思维来写出自己的感受和观点。

在写物价改革一节内容时,还被有些同学称为幼稚和异想天开。茅老不是也有被同行斥之脱离实际,异想天开的吗? 最近国家发改委经济研究所高级顾问常修泽向中央建议,未来要实行五环改革,像奥运会有五个环,五个环连接在一起,比如:(1)经济改革,它的轴心应该是市场化。(2)政治改革,它的轴心应该是民主化。(3)社会体制改革,它的轴心应该是和谐或者是公正化。(4)文化体制改革,它的轴心是先进化和多元化。(5)环境体制改革,它的轴心应该是文明化。从一定意义上说,现在需要新一轮思想解放,一场更广阔更深刻的改革。

图书在版编目(CIP)数据

生活中的经济学 / 陈民伟著. —上海：上海书店
出版社，2015.8
ISBN 978-7-5458-1100-1

Ⅰ.①生…　Ⅱ.①陈…　Ⅲ.①经济学—通俗读物
Ⅳ.①F0-49

中国版本图书馆 CIP 数据核字(2015)第 158445 号

责任编辑　杨柏伟　邢　侠
特约编辑　朱慧君
封面设计　杨钟玮
美术编辑　汪　昊
技术编辑　吴　放

生活中的经济学
陈民伟　著
上海世纪出版股份有限公司
上海书店出版社出版
中国图书进出口上海公司发行
2015 年 8 月第 1 版
ISBN 978-7-5458-1100-1/F·27